河道深型水库
分层试验与数值模拟

肖伟华　杨恒　柴增凯　陈娜　周毓彦　编著

中国水利水电出版社
www.waterpub.com.cn
·北京·

内 容 提 要

本书以河道深型水库为研究对象，采用野外试验和数值模拟相结合的方法，在分析水温及污染物输移转化规律的基础上，构建了水库二维水温水质模型，并以不同季节多断面分层野外实测数据进行率定和验证。根据水库各阶段优势藻类对水温和营养盐的响应关系，识别水华暴发的可能区域，预警水华暴发的可能时间，并建立应急响应机制，以保障水库供水安全和水生态系统安全。

本书适合水利工程、水文水资源、环境工程及河流动力学相关专业本科生和研究生阅读，也可供科研机构及规划设计单位以及水环境保护、水生态调度等管理人员参考。

图书在版编目（CIP）数据

河道深型水库分层试验与数值模拟 / 肖伟华等编著. -- 北京 : 中国水利水电出版社, 2021.12
ISBN 978-7-5226-0388-9

Ⅰ. ①河… Ⅱ. ①肖… Ⅲ. ①水库—分层测试②水库—数值模拟 Ⅳ. ①TV62

中国版本图书馆CIP数据核字(2022)第000999号

书　　名	**河道深型水库分层试验与数值模拟** HEDAO SHENXING SHUIKU FENCENG SHIYAN YU SHUZHI MONI
作　　者	肖伟华　杨恒　柴增凯　陈娜　周毓彦　编著
出版发行	中国水利水电出版社 （北京市海淀区玉渊潭南路1号D座　100038） 网址：www.waterpub.com.cn E-mail：sales@waterpub.com.cn 电话：（010）68367658（营销中心）
经　　售	北京科水图书销售中心（零售） 电话：（010）88383994、63202643、68545874 全国各地新华书店和相关出版物销售网点
排　　版	中国水利水电出版社微机排版中心
印　　刷	北京中献拓方科技发展有限公司
规　　格	170mm×240mm　16开本　8印张　139千字
版　　次	2021年12月第1版　2021年12月第1次印刷
定　　价	**68.00**元

前　言

水体富营养化是当前水库管理面临的最重要难题之一，气候变化和人类活动是影响水循环及伴生过程的主要驱动机制。随着高坝大库的建成运行，对于河道深型的水库类型，在水体营养盐含量不断增加的大背景下，水温作为藻类生长和水体富营养化过程的关键影响因子，曾经限制了高纬度地区湖库藻类的大量繁殖，然而随着全球变暖和人类活动影响加剧，我国北方水库也正在面临着营养盐浓度升高甚至富营养化问题，导致局部饮用水水源地水质恶化，严重威胁生态和供水安全。

受地形、地貌和地质等因素的制约，我国已建和拟建的大中型水库大多属于河道深型水库。河道深型水库在不同季节垂向和纵向的流速场、温度场、密度场以及浓度场差异性较大，受垂向水温分层和上游来水流动的影响，水库在特定时期的温度、营养物质浓度在水深和水平流动方向变化显著，而当前国内外开展相关试验和数值模拟研究的报道还很少。因此，开展河道深型水库水温、水质浓度分布的分层试验和数值模拟研究，对于实现分质供水、控制水体富营养化具有重要意义。

本研究主要开展了以下三方面内容：

(1) 潘家口水库水质分层试验研究。在分析野外数据采集试验理论的基础上，设计并实施了水库多断面分层采样试验，基本涵盖了春、夏、秋、冬四个季节，每个断面垂向上包含多个采样点，长时间大范围的立体取样设计能够最大限度地体现水环境演变的关键过程，获得多组水质数据和水温数据。

（2）河道深型水库二维水温水质模型的完善。在水库水温及污染物影响因素和传播机理分析的基础上，编写了垂向二维水质计算模块，实现了模型中温度和营养盐的同步计算，并在潘家口水库得到了应用。

（3）基于藻类对环境因子响应机制的富营养化控制体系的构建。在分析优势藻类对水环境因素的响应机理的基础上，明确了潘家口水库藻类种群的主导藻类，并结合潘家口水库营养盐实测和模拟数据时空分布特征，识别出水库富营养化控制的关键区域和重点控制对象，构建了水库富营养化控制的长效机制。

在本书项目研究过程中，得到了中国水利水电科学研究院、中国长江三峡集团科学技术研究院的大力支持，并得到了研究团队全体成员的诚恳帮助。本书由肖伟华、杨恒统稿，第1～3章由杨恒负责编写，第4章由陈娜、柴增凯负责编写，第5章由周毓彦负责编写，第6章由陈娜负责编写。

由于作者水平有限，书中难免存在疏漏之处，敬请读者批评指正。

作者

2021年4月

目　录

第1章　绪　　论

为了“除水害、兴水利”，世界各国修建了各种各样的水利工程，在河流上筑坝建库是最常见的工程措施。《全国水利发展统计公报2018》[1]显示，截至2018年底，我国已建成各类水库98822座，总库容达到8953亿m^3，其中：大型水库736座，总库容7117亿m^3，占全部总库容的79.5%；中型水库3954座，总库容1126亿m^3，占全部总库容的12.6%。2018年，全国总供水量和总用水量为6015.5亿m^3，其中人工生态补水量200.9亿m^3，占到总用水量的3.3%。同时，经济社会高速发展和居民生活生产的高标准用水要求需要更安全的水资源保障条件。然而，随着气候变化和人类活动影响的不断深入，我国大多数水库正在面临着营养盐浓度增加甚至富营养化问题，局部集中饮用水源地水质不断恶化。因此，保证水库水量水质达标对于保障居民正常生活、支撑经济社会与生态环境的协调与持续发展具有重要的实际意义。

自然界中，水质和水量是水环境资源的两个基本属性，两者互为依存，缺一不可。随着社会经济的发展，人类活动对水的外部环境与内部条件的长期积累效应也在逐渐放大，这种效应对水体的赋存空间与水体本身影响不断加大，造成很多水域的水质状况不能满足相应的水环境管理要求。2018年，对全国有水质监测资料的1129座水库进行了水质评价，Ⅰ～Ⅲ类、Ⅳ～Ⅴ类、劣Ⅴ类水库分别占评价水库总数的87.3%、10.1%和2.6%。主要污染项目是总磷、高锰酸盐指数和五日生化需氧量等。1097座水库营养状况评价结果显示，中营养水库占69.6%，富营养水库占30.4%。与2017年同比，Ⅰ～Ⅲ类水质水库比例上升1.5个百分点，劣Ⅴ类比例持平，富营养比例上升3.1个百分点。近年来乌东德、溪洛渡、白鹤滩等一大批高坝工程已建或在建，这些工程在带来巨大经济社会效益的同时，也不可避免会对水质产生一定影响[2]。

除此之外，水温作为水体重要的自然属性，不仅能影响到水体分层状况的强弱、物质扩散交换能力的大小以及生化反应速率的快慢，而且深刻影响着水资源的开发利用状况[3-4]。冷水、浊水和富营养化问题影响着农业灌溉、渔业、生态和人类生产生活用水，是当前湖库面临的三大问题[5]。在水体营养盐含量不断增加的大背景下，水温作为藻类生长和水体富营养化过程的重要影响因子，曾经是我国北方湖库较少发生水华、富营养化的重要限制性因素，但是随着全球变暖和人类活动影响加剧，我国北方水库也正在面临着营养盐浓度升高甚至富营养化问题，导致局部饮用水水源地水质恶化，严重威胁生态和供水安全。

受地形、地貌和地质等因素的制约，我国已建和拟建的大中型水库大多属于河道深型水库。河道深型水库在不同季节垂向和纵向的流速场、温度场、密度场以及浓度场差异性较大，受垂向水温分层和上游来水流动的影响，水库在特定时期的温度、营养物质浓度在水深和水平流动方向变化显著，而当前国内外开展相关试验和研究的报道尚不多见。因此，开展河道型水库水温、水质浓度分布的分层试验和数值模拟研究，对于实现分质供水、控制水体富营养化具有重要意义。潘家口水库属于典型的河道深型水库，同时也是天津、唐山等城市的主要供水水源地。近几年的海河流域水资源质量公报和海河流域重点水功能区水质状况通报数据显示，潘家口水库已经处于轻度和中度富营养化状态，对天津、唐山以及滦河下游地区的供水安全提出了严峻的挑战。

当前，我国面临着河流污染、湖库富营养化以及流域生态体系脆弱等重大水环境问题，直接威胁到人类经济社会安全和自然生态环境健康，而我国经济社会发展和居民生活用水很大程度上依赖于水利工程引蓄水，因此，研究水库水质输移转化规律和水温变化机理，对于系统识别湖库水质风险、预防水体富营养化以及维护流域生态健康方面意义重大。

（1）有利于实现水环境保护的目标，保障环境安全。环境是人类经济社会发展和自然生态系统完整的基础。随着人类向水体中排放的有害物质和营养盐逐渐增多，水体污染和富营养化状况日趋恶化，为根本上解决目前所面临的水环境问题，以实现水质逐渐改善，需要从污染物的产生、输移和进入水体整个过程进行统一的分析研究。明确污染物的产生来源，就能有针对性地进行源头减排管理；了解污染物随水流的输移过程，才能有针对性地进行过程控制，减少污染物进入水体（河湖）的量；掌握污染物进入水体以后的物理、化学和生物作用的特点，有针对性地采取水污染的防治措施，才能有效地保护水环境，实现生态环境与经济社会的持续协调发展。

（2）有利于消除水电开发的部分影响，维护生态系统完整。通常而言，河床水电开发大多需要建坝蓄水，水电站的设计需要考虑安全系数以及漂浮物等因素，因此取水口多位于大坝的中下部。水库在正常运行期间下泄水流的温度较低，会直接影响到下游河道鱼类的产卵期和生长期，对河道生态环境所产生不利影响，最远甚至达坝下数十公里处，灌溉低温水也可能威胁到农作物的生长，导致粮食减产；而且水库内水温分层结构也会被破坏，垂向流动剧烈，导致底泥部分污染物重新进入水体，使得水体中部分水质指标超过生物耐受范围，严重影响水生态系统的稳定。近年来，水电站分层进水设计和不同调度方案逐渐应用到实际生产中，以消除冷水下泄等负面影响，作为水库设计和方案选择重要依据的水温分层计算越来越得到重视。

（3）有利于防范湖库富营养化等问题，保障供水安全。富营养化是目前湖泊及水库面临的最严重问题之一，也是威胁用水安全的因素之一，由于其发展快、危害大、处理难、恢复慢等特性，已经被列入全球性的水污染问题[6]。我国不断发生的由富营养化所导致的饮水安全问题也时时给我们敲响着警钟[7]。藻类等浮游植物的大量繁殖不仅需要充足的营养盐，适宜的水流和光照条件，还要有一定持续时间的水温刺激。根据藻类大量繁殖发生富营养化的条件，开展相关数值模拟研究，可以识别水华暴发的重点水域和时间段，提前对可能发生的水华灾害提供预报预警，及时采取相应措施防范水质的进一步恶化，为保障居民生活用水和经济社会发展提供重要的技术支撑。

1.1　水温对河道深型水库水质的影响

水温是河流的重要物理性质，对几乎所有生态和生物地球化学过程都有直接影响，包括化学反应速率、氧溶解度、初级生产和鱼类栖息地[8]；深型水库，特别是一些具有调节能力的大型水库，其水库库容大，流速小，每年夏季出现明显的热分层现象[9]；热分层期间，水体严重缺氧，进而影响水库水质。

20世纪30年代，美国和苏联就率先开展了水库水温的相关研究，并对水库水温分布状况进行了实地的监测与分析。在以后的发展过程中，不同国家对水温研究的侧重点也各有不同[10]。国外对水库水温的研究在20

世纪70年代达到高峰，我国自20世纪50年代才开始水库水温观测[11]。对水温的计算研究可以分为经验法和数值分析法两种。

1.1.1 经验法

经验法主要通过寻求水温与相关因素的关系，通过经验或数理统计方法得到水温的计算方程。截至目前，国内学者提出过许多经验性的水温估算公式，最具代表性的经验性公式如下。

(1) 东北勘测院张大发法[12]。该方法是基于国内16座水库的实测水温数据而提出的，其计算公式为

$$\left.\begin{aligned} T_y &= (T_0 - T_b)e^{-\left(\frac{y}{x}\right)^n} + T_b \\ n &= \frac{15}{m^2} + \frac{m^2}{35} \\ x &= \frac{40}{m} + \frac{m^2}{2.37\times(1+0.1m)} \end{aligned}\right\} \tag{1-1}$$

式中：T_0 为库表水温的月平均值；T_b 为库底水温的月平均值；T_y 为水深 y 处水温的月平均值；m 为计算的月份；x、n 为经验参数。

(2) 中国水利水电科学研究院朱伯芳法[13]。该方法是基于国内外15座水库实测水温资料而提出的，其中水库水温的周期性规律由余弦函数进行拟合：

$$\left.\begin{aligned} T(y,t) &= T_m(y) + A(y)\cos\omega(t - t_0 - \varepsilon) \\ T_m(y) &= c + (b-c)e^{-\alpha y} \\ A(y) &= A_0 e^{-\beta y} \\ \varepsilon &= d - f e^{-ry} \\ c &= (T_d - b e^{-0.04H})/(1 - e^{-0.04H}) \end{aligned}\right\} \tag{1-2}$$

式中：$T(y,t)$ 为水深 y 处在 t 月的平均温度；$T_m(y)$ 为水深 y 处的年平均水温；$A(y)$ 为水深 y 处的水温年变幅；T_d 为库底水温；ε 为水温与气温变化的相位差（月过程）；b 为库表水温；H 为水库深度；ω 为温度变化圆频率，$\omega = 2\pi/p$，p 为温度变化的周期（一般为12个月）。

(3) 统计分析法。该方法是基于国内外26座水库的实测水温资料而提出的，分析了坝址气温和坝前水温的多年变化规律，并利用最小二乘法

对朱伯芳法中的各项参数计算方法进行了改进：

$$\left.\begin{aligned} T_m(y)&=c\mathrm{e}^{-\alpha y}\\ A(y)&=A_0\mathrm{e}^{-\beta y}\\ \varepsilon&=d-fy\\ c&=7.77+0.75T_a \end{aligned}\right\} \tag{1-3}$$

式中：T_a 为气温。对于库大水深的多年调节水库 α 取值 0.015，β 取值 0.055，d 取值 0.53，f 取值 0.059；对于库大水深的非多年调节水库 α 取值 0.01，β 取值 0.025，d 取值 0.53，f 取值 0.03；库小水浅的水库 α 取值 0.005，β 取值 0.012，d 取值 0.53，f 取值 0.008。$A_0=0.7788B^*+2.934$，$T_a\geqslant10$℃，$B^*=B$，B 为气温年变幅；$T_a<10$℃，$B^*=\frac{T_{a7}}{2}+b$，T_{a7} 为 7 月月平均气温。

此外，西安理工大学的李怀恩[14]基于分层型水库的水温分布特征提出了计算垂向一维水温分布的公式。中国水利水电科学研究院的胡平等[15]通过对多个水库水温的调查分析及预测研究，总结出水库水温分布的基本规律和主要影响因素，主要影响因素包括：水库形状、水文气象条件、水库运行条件和水库初始蓄水条件。一般而言，水库水温的经验计算公式都是基于水库实测资料综合分析的基础上所提炼出来的，在解决实际问题时能够快速计算出水库水温的垂向分布，简便快捷，只要根据水库的地理条件和水文气象条件推算出库底和库表的水温，然后再用不同的曲线拟合其垂向分布。上述几种经验算法在估算计算时段的库表和库底水温时原理基本相当，区别主要集中在于垂向水温分布的拟合曲线的差异性。而统计法又比前两种算法多考虑了水库的运行方式和规模等因子的影响，李怀恩公式中的参数意义更加明确，计算结果能更好地反映水库典型的三层型水温分布特征。但由于经验法的统计性天然缺陷使得其在应用上存在下列的局限性：难以反映水温控制因素的影响作用，难以反映较短时段内的水温变化[16]，难以适用在缺少或无水温观测资料的地区。

1.1.2 数值分析法

基于物理机制建立描述水体流动和水流传热的数学物理方程，并利用数值计算方法来模拟水流运动和温度传输过程，这在水温机理研究和实际工程应用中是必不可少的手段。自然界中水体的运动是三维的，水库水温也不例外，但在不影响计算精度的前提下可以认为其在某一方向或者某两个方向上是均匀分布的，响应的空间变量可以有三个、两个或者一个。

（1）一维数学模型。对于不同水库而言，虽然形状、特征以及气候条件有所差异，但是分层型水库的水温沿等高面基本水平，这是水库垂向一维数值模型的基本理论基础。因此，垂向一维数学模型仅适用于流速、温度等变量在纵向变化较小，或者仅关注坝前水温垂向分布的情景。

20世纪60年代末，美国水资源工程公司和美国麻省理工学院分别提出了基于对流扩散方程的WRE模型[17-18]和MIT模型[19-20]，合称为扩散模型。到70年代，日本引入了MIT模型，并在改进的基础上用于水库的温度和浊度的分层模拟，模拟效果令人满意。80年代初，我国也引进了MIT模型，在对模型进行扩充和修改的基础上定名为“湖温一号”，用于湖泊、水库和深冷却池水温计算与预测[21]。扩散模型在计算中充分考虑了水库的入流、出流以及水库表面热交换对水温收支及分布的影响，但是对于水库中热量的混合过程描述的还不充分。70年代，美国的一些研究者又提出了基于能量观点的混合层模型。1975年，Stefan和Ford提出了第一个混合层模型——MLTM模型[22-23]，并在3个温带小湖的水温研究中得到验证，其结果令人满意。1979年，该模型被用于抽水蓄能水库的水温预测。80年代以后，混合层模型在冷却水系统和水库水质模拟等方面得到了广泛的应用和发展。相比与扩散模型，混合层模型充分考虑了紊动动能的输移过程，基于能量的观点以风掺混产生的紊动动能和水体势能的转化来揭示垂向水温分布结构的变化特征，初步解决了风力混合问题，但对湖库下层扩散细节描述得还不够充分。

（2）二维数学模型。水库二维数学模型包括沿宽度方向平均的垂向二维模型和沿水深方向平均的平面二维模型，对于水库水温而言，其分层现象主要发生在沿水深方向，再加上在垂向分层现象对于水库生境、工程设计以及运行的影响突出，因此垂向二维数值模型的应用更加广泛。

CE-QUAL-W2是美国陆军工程师团水道试验站（WES）基于Edinger和Buchak开发的LARM模型[24]而研究开发的二维纵深方向的水动力学和水质模型，广泛应用于水库、湖泊、河流等水体的水温和水质模拟研究，是现今最为成熟的二维水动力水质模型[25]。Kuo[26]曾将CE-QUAL-W2模型应用于Te-Chi水库的水温水质研究，结果令人满意，模型也得到较好的验证。除此之外，其他一些学者也基于各自的研究方法提出了不同的二维水温模型。20 世纪 80 年代初，Johnson[27-28] 在一个水库模型上开展了重力下潜流的试验研究，选取多种数学模型进行计算，并将模拟结果与实验数据进行对比研究，最终推荐的是二维 LARM 模型；Karpik 等[29] 基于改进的 LARM 模型，提出适用于水库水温计算的算法，并建立了二维水库水温模型——LAHM 模型。

与此同时，国内垂向二维水温模型研究也得到迅速发展，出现了许多预测水库水温的经验方法。一般而言，在二维水动力-水质数学模型的计算中，一般都是先根据连续方程和动量方程解出水库的流速场，然后将流速值代进水温和水质的输移扩散方程，分别求解水温和水质的温度场和浓度场，但是很少考虑他们之间的相互影响作用。针对上述水温水质隔离计算的情况，武汉大学的陈小红[30]、雒文生等[31]，四川大学的邓云等[32-33] 都将考虑浮力的 $k-\varepsilon$ 双方程模式引入水库水动力模拟计算当中，并将水动力方程与水温水质迁移转化方程耦合建模，以求解水流、水温的垂向二维分布特征，考虑了水流运动与水温水质分布之间的相互影响。但现有的二维模型在垂向扩散系数的处理上还比较简单，尽管在一定程度上反映了流场、温跃层以及温度梯度的影响，但其数值的选取仍具有较大的经验性，不同研究区域之间的通用性不强。

（3）三维数学模型。近几年来，数值计算相关理论以及计算机的快速发展使得水流、水温的三维数值模拟成为可能，随着国外计算流体力学通用软件（CFD）的快速和商业化发展，包括水温指标在内的环境水力学三维模拟商业软件也迅速发展，代表性软件有 MIKE3、FLUENT、DELFT 3D 等[34]。清华大学的陈永灿等[35] 将分层三维数学模型应用于日本谷中湖水流及水质特性分区的模拟分析。李凯[36] 采用三维模型对三峡水库库首 18km 内的水温分布做了模拟。李兰等[37] 应用美国三维水环境流体动力学模型（简称 EFDC 模型）对特大型水库进行了水流水温数值耦合预测计算。但是，由于求解三维数学模型所需数据庞大、求解复杂、边界条件处理困难，当前的三维数学模型仅见于对水库局部范围的水流、水温模拟，对整个库区采用三维模型计算的实例还不多见。

1.2 藻类对河道深型水库水质的影响

国内外的研究主要围绕叶绿素 a 浓度的分布趋势及预测，叶绿素 a 浓度与水环境指标的关系，以及研究区的藻类生物量与初级生产力评估等方面。Heiskary 等[38]通过分析叶绿素 a 浓度数据、藻类组成、人类影响等信息，构建营养物质平衡模型，提出帕宾湖夏季叶绿素 a 浓度目标控制值。Çelik[39]2007 年 2 月至 2009 年 1 月逐月对 Çaygören Reservoir 的三个站点进行采样，研究叶绿素 a 浓度演变与溶解性活性磷、硝态氮、氨氮、流量、水体透明度、水温、电导率和 pH 值的相关关系。刘镇盛等[40]研究了 2001 年 5—9 月云南抚仙湖叶绿素 a 浓度、藻细胞密度的时空分布，分析了时间上和垂向上叶绿素 a 浓度与环境因子的相关性。周连成等[41]利用 CERS-1 遥感影像资料反演了太湖叶绿素 a 浓度的季节变化，结果表明，叶绿素 a 浓度可便捷地反映湖泊富营养化程度，通过遥感资料反演与实地监测同步进行，提高叶绿素 a 浓度评估精度。韩立妹等[42]通过遥感反演北方典型水库型水源地水体叶绿素 a 浓度。胡韧等[43]调查了广东省大、中型水库的叶绿素 a 浓度和磷浓度，分析了磷浓度与藻类结构以及叶绿素浓度变化的关系。韩新芹等[44]研究三峡水库香溪河库湾叶绿素 a 浓度与 TP、TN 浓度的关系。王玲玲等[45]通过富营养化模型模拟三峡水库香溪河支流库湾的水动力、TP、TN 和叶绿素 a 浓度的分布，研究了水动力因子与叶绿素 a 浓度之间相关关系。武国正等[46]验证了 EFDC 模型在北京市海淀区稻香湖模拟叶绿素 a 浓度变化的适用性。

1.3 河道深型水库水质的研究进展

1925 年，Streerer-Phelps 建立了首个 BOD-DO 模型，自此之后水质模型在基础研究和实际应用方面取得了很大进展，从零维、一维模型到水质计算软件包，从简单的 BOD-DO 模型到生化营养素到生物体和食物链模型，从河流、河口水质模型到湖泊、水库和海湾的水质模型。

水库水质模型大多是由河流水质模型改进而来，但由于水库水流条件、温度结构等方面的差异使得其与河流水质模型具有很大的不同。最简单的水库水质模型为混合型水质模型，把水库看成一个完全处于混合状态的整体，也就是说水库中的污染物是混合均匀的。依据质量守恒原理，可建立水库零维模型基本微分方程：

$$V=\frac{\mathrm{d}C}{\mathrm{d}t}=Q_I C_I-QC-kVC \tag{1-4}$$

式中：Q_I 为入库流量，m^3/s；C_I 为入库水质因子浓度，mg/L；Q 为出库流量，m^3/s；C 为出库水质因子浓度，mg/L；V 为水库蓄水库容，m^3；k 是为水质因子的综合降解系数，L/d。

零维模型仅适用于水深不大、水流较大、调节性能差且水温分层不明显的中小型水库；而对于库区狭长，水深较浅的河道型水库可以采用一维纵向河道移流扩散方程计算。

$$\frac{\partial C}{\partial t}+u\frac{\partial C}{\partial x}=E_x\frac{\partial^2 C}{\partial x^2}-kC \tag{1-5}$$

式中：u 为 x 方向的平均流速；E_x 为 x 方向水质因子的综合离散系数；k 为水质因子的综合降解系数。

对于水温分层明显、水深较大的水库，水库的温跃层在垂向上阻止了水库上下层之间的混合作用，使得水库底层与大气长期隔绝，因而上下层水质浓度差异变大，出现了分层计算的水库水质模型。实际工程应用中，常常只需计算坝前垂向一维水质分布情况[47]。杨传智[48]将垂向一维水质模型应用于龙滩水库，考虑了流场分布变化、热交换以及水体自净作用，预测了水库运行期多年月平均水温、溶解氧等指标沿垂向变化。余明等[49]在渔业养殖网箱的库区沿纵向分段、沿垂向分层预测了库区溶解氧的垂向二维变化情况。随着计算机计算能力的大幅提高，水库二维、三维水质模型也得到迅速发展[50]。陈小红等[51]建立了水库垂向二维水质分布模型，考虑了污染物在水体中的分子扩散、湍流扩散及弥散作用，并应用于红枫湖水库的水环境研究。江春波等[52]提出一种预测河道型水库流速、温度和悬浮污染物质分布的立面二维模型，考虑了河道宽度和自由水面的变化。郭磊等[53]建立了水动力、水体污染物输运及底泥污染物输运数值模型，采用有限差分与有限体积相结合的方法，对北大港水库氯离子进行动态数值模拟。徐明德等[54]采用二维水动力模型、水质模型对册田水库不同运行工况下水动力及污染物输移扩散进行数值模拟，并进行代表性情景分析，将水污染控制的研究成果直接服务于工程建设。黄国如等[55]基于一维圣维南方程组和完全混合反应器构建了官厅水库的水质模型，应用于官厅水库的水质管理。刘中锋[56]建立了适用于大型深水库的立面二维非稳态水温水质耦合模型，用于对大型深水库库区水温及 TP、TN 等水质要素的数值模拟。西安理工大学的冯民权[57]运用水量平衡方程、动量方程和对流扩散方程建立了大型湖泊水库的平面二维和立面二维模型，并分别应用于大庆市的洪水预报，多种组合情况下的博斯腾湖环流、矿化度分布及出流水质进行的模拟计算，以及糯扎渡水电站机组启动过程中水流流动模拟，模型模拟结果合理有效。

随着计算机的普及和计算机语言的智能化发展，使得专业知识能够与应用软件相结合开发了相应的专业软件，比较成熟的商业软件都在推出三维模型，如Mike3、Delft3等，但在应用中还不成熟，是数值模拟研究的一个热点方向。在水库水质模拟方面，最具有代表性的软件如CE-QUAL-W2模型、WASP模型[58]等。CE-QUAL-W2是由美国陆军工程师团水道试验站开发的二维水动力学水质模型，其计算的水质指标可达10多项。WASP模型是由美国国家环境保护局的Athens开发出的水质预测模拟系统，其中的水质计算部分可分为EUTRO和TOXI两个子模块：EUTRO用来分析计算传统的污染物指标，包括溶解氧、生化需氧量、总碳、叶绿素a、氨氮等物质；TOXI用来模拟计算有毒物质和泥沙的迁移转化过程。作为通用的商业软件，这类水质模型的共同特点是操作简便、运行稳定、适用条件和情景广泛，但是在解决具体的实际问题时却又显得过于简洁，难以完全地反映研究区的真实状况。相对而言，国内对于水库水质模型的研究起步较晚，再加上水质参数属性本身的复杂性和差异性，到目前为止还没有形成具有一定影响的通用软件，对水库水质的研究大多是在改进国外软件包的基础上，结合国内水库水质现状开展研究。北京大学的胡治飞等[59]基于CE-QUAL-W2模型构建了官厅水库水质预报系统，能够预测不同情景下多种污染物的迁移转化规律，清华大学的贾海峰[60]将GIS支持下的水质模型应用于密云水库水污染控制。中国海洋大学的李杰[61]利用三维富营养化-水动力数值模型HEM-3D，对美国的Falls Lake水库水质状况进行了模拟研究，从生态动力学角度揭示水库内能流、物流的循环特点。吉林大学的潘晓东[62]基于Delft-3D软件系统构建了适合桃山水库的水动力-水质耦合模拟模型，根据未来可能情景进行预报，应用于饮用水水源地保护工作当中。

目前，水库水质逐渐得到管理和科研人员的重视，但是对水库水质多维模拟的研究还比较少，而主要集中在水库水温分布的研究上，这是因为分层型水库中等温面基本上是水平面，而有机物则不然[63]。水库水质因子受流场、温度、水生态系统等因素的综合影响，其本身演变机理非常复杂，再加上基本研究较为薄弱，尚缺乏系统、完善的理论指导和长系列、多断面的观测数据，因此还没有非常成熟和完备的成果。

第2章　物质扩散输移与原型观测试验理论

2.1　污染物扩散输移原理

2.1.1　水体污染机理

天然水体在其自然的循环过程中都会溶解一定的环境物质，如 Cl^-、SO_4^{2-} 等，在生态平衡状态下，水体中的这些环境物质的含量与生物的发展是相适应的。通常把未受污染的自然状态下，水体中某种污染物质的固有含量称为该物质的水质本底，当排入水体中的污染物质超过了该物质在水体中的本底值，同时也超过了水体对该物质的自我净化能力，从而使水质恶化达到了破坏水体原有功能的程度，才是所谓的水体污染。

污染物在进入水体与周围物质相互作用并形成危害的污染过程中，受到各方面因素的影响，从而决定着污染发展方向和污染程度的大小。首先，任何污染物进入水体后都会产生两个互为关联的现象，即水体水质恶化与自净作用，贯穿于水体整个污染过程。水质恶化的主要表现包括：水体溶解氧含量下降，厌氧细菌大量繁殖，使水体发出恶臭；造成生态系统结构破坏，水生生态平衡被打破；水体有毒物质的不断积累，或者使某些无毒或低毒物质转化为高毒物质，破坏水体功能；水体中污染物在底泥和食物链中不断积累，大大提高了污染物浓度。而水体自身的净化作用则相反，能使水质趋于复原，一般主要表现在使污染物浓度自然降级，如把一些复杂的有机物分解成无机物或盐类，把一些高毒物质转化为低毒物质，使水体溶解氧的含量逐渐恢复等。其次，污染物质进入环境后，通常都要受到物理、化学、生物三种作用，从而影响水环境质量，水体污染实质上就是这些作用综合影响的结果。物理作用一般表现为污染物在水体中的物理运动，如水中的扩散运移、底泥沉降等作用，化学与物理化学作用是指进入水体的污染物发生了氧化还原、分解化合、吸附解吸等化学性质方面的变化，生物与生物化学作用是指水体中水生生物以其生理、生化作用和通过食物链的传递过程对水体污染物的分解、转化和富集作用。

污染物在水中扩散输移的规律既跟它们自身的特性有关，又受水环境条件的重要影响，而污染物在不同水环境条件中传播规律是水质模拟研究的重点。一般而言，保守物质在水中运动的形式可分为两类：一类是扩散运动，包括分子扩散、紊动扩散和剪切流离散；另一类是随流输移运动，包括随主流输移和垂直主流方向的对流输移。由于水体流场分布、水体温度以及水体边界会影响到物质在水体中的运动形式，因此污染物在水体中的扩散输移，主要受到水库流场、水温分布、排污口分布等因素的影响。

水库水体水流速度较低，水交换过程缓慢，很多污染物能长期悬浮水中或沉入底泥，其污染特征是：①水库汇集流域降水和径流，污染来源广，途径多，种类也比较复杂；②稀释、搬运污染物的能力弱，使污染物易于留滞沉积；③含氮、磷等营养元素的污染物进入水库，有时能使藻类大量繁殖，引起水库富营养化；④对有机污染物的转化与富集作用强。

2.1.2　污染物扩散输移方程

一般河湖水力要素总是在时间和空间两方面不断变化的，因此污染物进入水环境后形成的所谓浓度场也应表示成时空的函数形式。即污染物的浓度分布可表示为

$$C=C(x,y,z,t) \tag{2-1}$$

式中：C 为污染物浓度；x，y，z 为三维空间变量；t 为时间变量。

在流动的水环境中，扩散物质受紊动水流中水质点紊动混掺的影响，还进行着强度比分子扩散高得多的紊动扩散。同时扩散物质还随同水质点一起流动，产生重要的移流输送被带往水域的下游。按照质量守恒原理，可以推出均匀流场中某污染物质的浓度分布规律为

$$\frac{\partial c}{\partial t}+u_x\frac{\partial c}{\partial x}+u_y\frac{\partial c}{\partial y}+u_z\frac{\partial c}{\partial z}=E_x\frac{\partial^2 c}{\partial x^2}+E_y\frac{\partial^2 c}{\partial y^2}+E_z\frac{\partial^2 c}{\partial z^2} \tag{2-2}$$

式（2－2）被称为三维移流扩散方程，根据实际研究目的和内容也可以简化为二维或一维方程。其中 $u_x\frac{\partial c}{\partial x}+u_y\frac{\partial c}{\partial y}+u_z\frac{\partial c}{\partial z}$ 表示三维水环境中某一点污染物随水流迁移的量，$E_x\frac{\partial^2 c}{\partial x^2}+E_y\frac{\partial^2 c}{\partial y^2}+E_z\frac{\partial^2 c}{\partial z^2}$ 表示水环境中某点污染物各方向综合扩散的量。

离散系数是反映污染物在水体中混合特性的关键性参数，其量值大小

决定了污染物浓度分布计算的成败。目前有很多确定离散系数的方法，顾莉等[64]比较了不同计算方法的优缺点，并提出一个确定污染物离散系数的新方法——演算优化法。天然河道中，过水断面流速的不均匀分布是水流纵向离散存在的最主要原因，离散系数的大小主要受到流速分布等水流条件、湿周等断面特征以及河道形态等因素的影响[65]。尽管自20世纪50年代以来，国内外许多专家通过室内外实验研究和理论分析，对离散系数进行了大量研究，建立了许多经验公式和经验数据，但各类经验公式和数据的变化范围相差很大，因此对于特定的研究对象，必须根据其自身特点，建立合适的离散系数估算公式。

2.2 热输移与水温分布规律

2.2.1 影响水温输移因素分析

影响水体蓄热量变化的因素是指蓄水体与周围介质间发生的各种热量交换的净值，根据热量流向的不同可分为进入水体的各种热量和水体的各种热量损失，引起水体水温变化的因素主要包括四个方面：水体与空气界面热交换、水体与河床的能量交换、水体内部产热和人为加热或减热。

(1) 水面热交换。图2-1表示了水库水体与空气界面的热交换情况，主要包括辐射、蒸发和传导三个部分。辐射又分为太阳短波辐射和水面对短波的反射，大气长波辐射和水面对长波的反射，以及水体长波的返回辐射等5项。

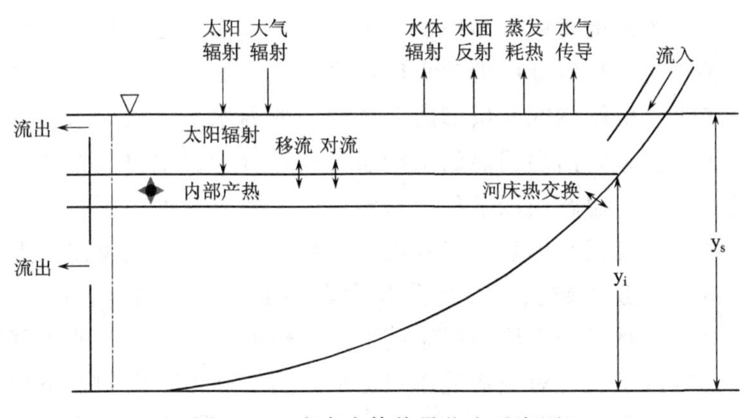

图2-1 水库水体热量收支示意图

1）太阳辐射强度与季节、纬度、日内的时刻以及大气条件（如云层厚度）有关；反射率与太阳角度、云层状况有关。

2）大气辐射强度与气温和湿度息息相关，并随湿度的增加而增加。

3）水体辐射和水体温度有关。

4）水面蒸发的速率与水面温度、空气温度、风速以及饱和蒸汽压等因素有关。

5）当气温与水温不一致时，水面与大气界面上会存在热传导，其速率正比于两种介质的温度差。

（2）非水面热交换。包括水体与河床的热交换、水流内部热交换、人为加热或减热等。由于地壳导热能力很低，水温和地壳的温度一般相差也不大，故水体与河床的热交换很小，常常忽略不计。水体的内部产热主要有两个来源：水体的机械能通过摩擦转换为内能和水体中的生物化学作用产热，但是这种转换的热量很小，一般也不考虑。进行热输移计算的一个重要目的就是要预估热排放对水温的影响，因此人为加热或减热一般作为边界条件来考虑，需要弄清排放的方式和定量的过程。

影响水库水体蓄热量的因素主要有水库所处的地理位置、水库特征、水文气象条件等，此外还与水体透明度以及水库结冰情况有关。影响水库水体内部温度分布的因素很多，主要包括水体的流动性、大坝取水口的位置、热量的传导与扩散作用、水体的透明度、水体的含沙量、水库的几何形态以及水库的运行调度方式等。

2.2.2 水温分布规律

根据水库水温的垂向分布特征，可将水库分为稳定分层型、混合型和过渡型三种类型。稳定分层型的水库在春、夏、秋季节，受太阳辐射升温作用和上游来水的影响在表层形成一个稳定的温水层，与深水区的水温存在一个较大的温差，出现明显的温跃层，其评价指标主要包括位置、厚度以及温度梯度等。温跃层以下称为滞温层，受外界条件的影响较小，水温变化较为缓慢。夏天水体表层温度逐渐升高，温度分层现象愈加明显，表层与深层的温差越来越大，在部分时段表层水温可以超出底部水温20℃以上。从夏季到秋季，水体表层温度随太阳辐射总量和气温的下降而逐渐冷却，表面冷水下沉，对流掺混作用加强，到冬季则水库的上下层水温差别基本消失，不存在温跃层，在严寒地区的水库甚至出现温度梯度逆转现象——表层水温低、底层水温高，表层水温会接近于0℃，而底层水温则在4℃左右。混合型的水库的水温变化主要受到气象条件的影响，在垂向上无明显分层现象，库区的水温分布比较均匀，垂向温度梯度较小，但整体而言水库水温的年内变化幅度却较大。过渡型水库介于两者之间，在辐射总量和气温较高的春、夏、秋季节，存在临时的分层现象，但是相对不稳定，即使遇到中小型洪水水温分层现象也会消失。由于河道深型水库的水体温度、入流水温、水库调度以及气象条件存在以年为周期的变化规律，其在水深方向上呈现出有规律的水温分层的现象，而且该水温分层情况在年周期内循环变化。

正如上节所述，不同水库的水温分布特征也存在一定的差异，水库所在地的气候条件、入流水温、水库的运行状态、取水口的设置以及水库库容和几何形状等情况决定了水库水温的分层状况。为了判断水库的温度分层特性，我国现行的水库环境影响评价中普遍采用两种经验公式方法——$\alpha-\beta$指标法和密度弗劳德数。

（1）$\alpha-\beta$指标法。

$$\left.\begin{aligned}\alpha&=\frac{\text{多年平均入库径流量}}{\text{总库容}}\\ \beta&=\frac{\text{一次洪水总量}}{\text{总库容}}\end{aligned}\right\}\tag{2-3}$$

式中：α为水库回转率，表示水体在湖库中的滞留时间。$\alpha<10$时，稳定分层型水库，存在明显的温跃层；$10<\alpha<30$时，过渡型水库，存在临时的温跃层；$\alpha>30$时，混合型水库，垂向不存在明显的分层现象。对于分层型水库，判断单次洪水成层情况则需要判定β值范围，$\beta>1.0$，为临时性混合型；$\beta<0.5$，为稳定分层型，洪水对水温分布影响不大。

（2）密度弗劳德数。密度弗劳德数的物理意义是惯性力与重力的比值，计算公式如下：

$$Fr=\frac{u}{(\Delta\rho/\rho_0 gH)^{1/2}}\tag{2-4}$$

式中：u为断面的平均流速；H为水库平均水深；$\Delta\rho$为水深H上的最大密度差；ρ_0为参考密度，kg/m^3；g为重力加速度。对于湖库而言，当$Fr<0.1$，为强成层型；$0.1<Fr<1.0$，为过渡型；$Fr\geqslant1.0$，为完全混合型。

2.3　原型观测试验理论

2.3.1　目标与任务

自然界中的现象是错综复杂的，而且处于不断变化发展的过程中，某些条件和因素的特殊性使得其无法被忽略或在实验室内复制和模拟，只有通过野外现场的长期原型观测和定位试验模拟研究才能系统、全面的揭示自然界万物发展的规律，为自然灾害防治和发展生产提供具有针对性的具体措施和有效途径。因此，野外数据采集试验就是以大自然为实验室，系统地收集和积累科学资料，为科学研究和生产需要提供基础数据，并不断完善数据的质量保证及控制系统以实现数据采集的规范化和标准化。野外长期观测和定位（定点）试验研究，是整个科技工作的重要组成部分，它与野外科学考察和室内实验研究是相辅相成的[66]。

根据研究目标和对象的不同，具体的数据采集任务侧重点也有所差异。以水域系统野外试验为例，其数据采集的任务主要包括以下几方面内容：①自然地理及水文要素调查。具体包括面积、深度、宽度、岸线类型、岸线长度以及底质等水域形态特征，水流状态，水体交换率，生活污水、工业废水的流入量，地表径流量等内容。②理化要素监测。具体包括水温、水深、水色、透明度、浊度、悬浮物、电导率等物理要素监测，pH 值、溶解氧、氯化物、硫酸盐、硝酸盐、生化需氧量等化学要素监测，以及氧化还原电位、含水量、粒度、有机质等底质分析等内容。③生物要素监测，具体包括大型植物、浮游植物、浮游动物、底栖动物和细菌等内容。④水域和周边社会经济调查，主要包括渔业经济、土地利用方式、植被和人口等方面的内容。⑤污染物监测，主要包括石油、重金属、大肠杆菌、生物毒素、有机磷类和有机氯类等内容。

2.3.2　原则与方法

为了确保监测样品在采集、运输、储存过程中程序统一、方法一致，保证观测与分析所获得的数据具有可比性，可交流性、可溯源性，必须遵循一定的原则与方法[67]。同样以水域系统野外试验为例来说明一般野外试验所需遵循的原则与方法。

（1）一般代表性原则。数据的代表性取决于采集样品的代表性，因此在采样点采集到的样品要对整个研究水域的某项指标或多项指标有较好的代表性。同时，在保证达到必要的精度和具有统计意义的样本数的前提下，布设的采样点应尽量少，兼顾技术指标和投资费用。

（2）采样点的布设。根据水域面积的大小、形态特点，选择或测绘适当比例尺的水域地形图，再根据形态特征、水文状况在地形图上进行采样点的室内布设，然后再与实地考察结果相对照进行合理的布设。

（3）采样时间与频率。有关采样的时间和频率的问题，总的原则是既要统一规划，一经确定就应长期保持不变，以便获得系统、完整、可比的数据；同时又要灵活掌握，兼顾湖泊、水库、海湾的降雨、强风及潮汐等的影响，可临时采样以弥补定期采样所获数据的不足。采样时间的确定既要考虑各项监测指标的变化规律，又要兼顾实际情况，尽量使每次采样基本保持一致；确定采样频率必须充分考虑湖泊、水库、海湾的水文、物理条件、人力及费用投资。

（4）采样层次。在水域系统研究中，如果水体某种指标存在明显的垂直分层现象，如水温、水生生物、溶解氧等，可根据水域的深度设置若干采样层进行分层观测。

（5）样品的采集与保存。①采样前的准备。要根据采样点的位置和断面图进行编号，同时准备相应清洗干净的样品瓶，以及现场固定用的试剂。②采水要求。采水时要防止水样及水下仪器被污染，采水样位置要尽量避开排污口，还要考虑水流和风向，不同的指标要求还要分开采样。③采样顺序。通常情况下，水的理化性质及主要水生生物现存量的测定可用同一份混合样品，若进行专门性的研究，则应根据研究目的另取水样，如在水样和底泥同时采集时，要必须先采水样，后采底泥。④现场记录。采样时必须认真填写《采样现场记录卡》，准确、清楚记录。为了便于进入数据库和溯源，应该按照统一规定的编码登记。⑤水样的保存。所获水样最好的保存方式是尽快进行测定，不做现场测定的样品应立即加固定剂，不能加固定剂的样品应放在阴暗、低温条件下保存。⑥采样后的检查与补救。采样结束后，应及时检查记录是否齐全，样品在运输过程中是否变质等，如果有遗漏或不符合要求时，应立即采取补救措施。

2.3.3 要素设置与注意事项

根据试验所要达到的目标，从野外试验的准备和设计阶段直至整个系列试验的结束，都需要对研究区域的自然地理、经济社会、气象水文以及污染源等条件进行调研和资料收集，而单次的野外数据采集试验要素的设置则更为具体。同样以湖库等水域为例，其要素的设置见表2-1。

表2-1 湖库水域野外试验要素表

要素类别	要素指标设置
物理要素	水深、水温、电导率、透明度、颜色、浊度、悬浮物、水下辐射等
化学要素	溶解氧、pH值、总碱度、氯化物、硅酸盐、硫酸盐、磷酸盐、硝酸盐、氨氮、总磷、总氮、化学需氧量、生化需氧量、总碳等
底泥要素	pH值、氧化还原电位、含水率、粒度、凯氏氮、总磷、有机质等
生物要素	浮游植物的种类组成与现存量、大型水生植物的种类组成与现存量、浮游动物的种类组成与现存量、底栖动物的种类组成与现存量、细菌总数等
污染来源	石油、重金属、大肠杆菌、生物毒素、有机磷类和有机氯类等

一项野外试验得以顺利完成，服从、协作、奉献、挑战和学习的态度必不可少，同时还要注意以下几点事项：

(1) 操作要规范。试验中仪器的操作规范要尽可能拟定得细致，包括仪器之间的比对、影响测量结果的观测习惯的一致性等，这样得出的数据才有可比性。

(2) 注意保护样地。由于人为的采样活动会对其样地产生一定的干扰，使得某些指标发生变化，造成数据失真。从这个意义上讲，野外数据采集试验具有不可重复性，因此，在采样的过程中一定要注意保护样地。

(3) 爱护仪器。显示屏要保持清洁，仪器用完要盖上帽子，不能踩到电缆，仪器要轻拿轻放……这些琐碎的小细节却关系着仪器的使用寿命。因此，在仪器管理上做到专人负责、专人专用。

(4) 数据的及时整理。观测过程中要留心记录有可能对结果产生影响的因素，观测后及时检查、整理数据，以便及时的补缺补漏。

第3章　水库水质分层试验研究

3.1　研究区概况

3.1.1　自然地理

潘家口水库地处滦河中游，是滦河干流上的大型骨干水利枢纽，也是引滦工程的总水源地，坝址位于河北省北部长城脚下的迁西县桃园。潘家口水库的主要功能为供水、发电，兼顾防洪调蓄。水库1979年建成蓄水，1983年开始为天津、唐山等城市供水。水库正常蓄水位水面面积可达68km^2，最大水深达70m，库体纵向可延续62km，属于典型的河道深型水库。

潘家口水库总库容29.3亿m^3，兴利库容16.7亿m^3，死库容3.31亿m^3，正常蓄水位222.00m，汛限水位216.00m，死水位180.00m，水库除兼顾防洪和供水的任务外，还建有抽水蓄能电站。潘家口水利枢纽主要建筑物有混凝土宽缝重力坝、坝后式厂房、副坝及下池等。潘家口水库主坝为混凝土低宽缝重力坝，按千年一遇洪水设计，五千年一遇洪水校核，坝顶长1039m，最大坝高107.5m，最大坝底宽90m，大坝中间部分设有18孔溢洪道，用15m×15m弧形钢闸控制，溢洪道最大泄洪能力为53100m^3/s。四个底孔，用4m×6m弧形闸门控制。两座副坝均为土坝，西城域副坝、脖子梁副坝一般情况不挡水。坝后式水电站总装机42万kW，其中一台15万kW常规机组，三台单机容量为9万kW的抽水蓄能机组。220kV高压开关站位于主坝后滦河右岸，其中常规机组主变容量为18万kV·A，抽水蓄能机组主变每台容量为10万kV·A，以220kV高压经开关站输入京、津、唐电网。下池枢纽由闸坝和电站组成，有效库容1000万m^3，属日调节水库，与潘家口电站抽水蓄能机组配合使用。

滦河流域地处副热带季风区，具有大陆性季风型气候特点。在1956—2006年统计系列中，滦河流域多年平均年降水量579.1mm，年最大降水量是1959年的855.8mm，年最小降水量是2002年的390.8mm。滦河流域降水具有年内分布不均，年际变化大，空间分布不均的特点。降雨多集中于七八月，丰水年降雨可达枯水年的2.2倍，经常出现连丰连枯年份，流域中游降水量最高，下游次之，上游山区最少。潘家口水库坝址以上控制面积为33700km^2，占全流域面积的75%，坝址以上多年平均流量77.8m^3/s，多年平均入库径流量为24.5亿m^3，占到滦河流域多年平均径流量的53%。潘家口水库主要入流河流为滦河、瀑河和柳河，下游连接下池。潘家口水库周边人口较少，有少量农业种植，居民收入主要以渔业为主，库区分布着众多鱼类养殖网箱。库区中喜峰口一带曾是古长城雄关要塞，水库蓄水后部分长城没入水中，形成独特的长城奇观——水下长城，水库的修建形成了景色优美的水利风景区，吸引着众多游客，尤以夏季避暑为多。

由于潘家口水库坝前至潘家口断面水深常年保持在30m以上，太阳辐射基本上达不到库底，水温沿垂向可能存在分层现象。利用$\alpha-\beta$指标法判断潘家口水库的分层特征，结果如下：

α=24.5亿m^3/29.3亿m^3=0.84，α值远小于10，可知潘家口水库为强成层型水库；单次洪水值采用2005年8月12日一次洪水，历时三日，洪水总量2.62亿m^3，可求得β=2.62亿m^3/29.3亿m^3=0.09，β值远小于0.5，为稳定分层型，洪水对水温分布影响不大。

3.1.2　水环境状况

潘家口水库作为引滦工程的总水源地，也是海河流域重点水源地，水质控制目标为《地表水环境质量标准》（GB 3838—2002）中规定的集中式水源地标准。潘家口水库为饮用水水源地，入库径流包括滦河、瀑河和柳河，库区不存在工业点源污染，受少量农村生活及农业面源污染、库区内渔业养殖污染及库区底泥带来的内源污染。海河流域水资源质量公报显示：绝大部分时段潘家口水库水质指标均能满足《地表水环境质量标准》（GB 3838—2002）Ⅱ类水质标准要求，但近年来，部分时段和断面出现水质不达标现象，超标项目为氨氮、溶解氧等。水环境评价项目主要包括水温、pH值、溶解氧、高锰酸盐指数、化学需氧量、五日生化需氧量、氨氮、铜、锌、氟化物、砷、汞、镉、铬（六价）、铅、氰化物、挥发酚、硫化物、粪大肠菌群、硫酸盐、氯化物、硝酸盐、铁和锰等24个项目。近几年来，流域水资源质量公报显示潘家口水库已经处于轻度富营养化和中度富营养化状态，严重影响到水库的供水安全和生态安全。而根据水利部水文局《关于开展2010年藻类试点监测工作通知》的要求，海河流域水环境监测中心于 2010 年 5 月起对潘家口水库进行藻类监测，监测断面为瀑河口、燕子峪、潘家口、潘坝上等。

2011 年海河流域水资源质量公报显示，潘家口水库水质类别为Ⅱ类，年平均蓄水量为 10.72 亿 m^3，全年富营养状态为轻度富营养，营养状态指数为 55.8，比 2010 年的 52.7 恶化。藻类监测结果共 7 门，40 属，绿藻门种类最多，其次为蓝藻门，再次为硅藻门，其中瀑河口样点藻类种类最丰富，共鉴定出 29 属，藻细胞的密度数值密度变化范围为 310 万～21337 万个/L，从 5 月至 7 月藻类优势种群主要为绿藻门、硅藻门、隐藻门、蓝藻门等类群，8 月主要有蓝藻门的假鱼腥藻，9 月逐渐演变为蓝藻门、绿藻门类群，到 10 月变为蓝藻门和绿藻门等类群。

3.2 潘家口水库水质分层试验

3.2.1 试验设计

（1）实验时间及地点。

实验时间：2010 年 10 月至 2011 年 8 月。

实验地点：潘家口水库水域。

参加单位：中国水利水电科学研究院、海河流域水环境监测中心引滦工程分中心。

（2）实验目的及任务。由于流速小、深层紊动掺混能力差和风力的表层混合作用，使得河道深型水库在特定时期的温度、泥沙以及水体中溶质浓度沿水深方向和水平流动方向都有显著变化，研究水库水温分布规律以及水环境要素迁移转化规律对于保障供水安全和维持生物多样性等方面具有重要意义。潘家口水库正常蓄水位时库区可沿河道向上延伸 62km，坝前最深处可达 70m，是典型的河道深型水库。采集水库水温、水质数据的目的是对垂向二维模型（2DUSE）进行参数率定和模拟结果检验，最终建立潘家口水库二维数学模型。同时，基于水库不同断面不同深度的水质、水温实测数据以及水库优势藻类的种类和分布特征，进一步探索北方水库富营养化机理。

具体任务有：①水文数据的补充收集；②采用便携式水质监测仪采集选定断面水温、浊度、藻类等数据的分布；③采集水样，进行水质检测；④了解库区形状，为模型地理数据的处理提供依据。

现场检测数据包括：水温、pH 值、DO、叶绿素指数、电导率、溶解性总固体、浊度等；实验室检测数据包括氨氮、高锰酸盐指数、总磷和总氮。

（3）实验仪器及人员。便携式水质监测仪、便携式气象仪、分层取样器、GPS定位仪、照相机、采样水瓶（20个）、绳子、采样船以及4位采样人员。便携式水质监测仪器使用比较方便，将探测器潜入水下指定位置稍后即可通过显示器读取数据，最深可测30m；便携式气象仪，对准风向高举，稍候即可读取气象数据，可存于仪器；分层取样器，将仪器放入水下的设计深度，即可提水，自带温度计，可读取温度，后将水样装于取样瓶中，填写标签作为标识。

人员分工：

记录人员：记录气象数据、GPS数据、水温以及浊度数据、采样点编号、时间、取样瓶号。

试验人员1：取水样，使用GPS定位以及气象数据采集工作。

试验人员2：操作便携式水质监测仪，读取仪表显示的数据。

试验人员3：测量水体透明度，辅助其他两位试验人员。

记录所用表格见表3-1～表3-3。

表3-1　　气象数据采集表

采样时间	气温	湿度	风速	云量

表3-2　　水质检测表

水样编号	COD	氨氮	TN	TP	pH值	浊度

表3-3　　试验现场数据记录表

采样点：　　　　采样时间：　　　　天气：

纬度：　　　　经度：　　　　海拔：

气温：　　　　风速：　　　　湿度：

水深	水温/℃	pH值	DO	叶绿素指数/(μg/L)	电导率	溶解性总固体/(g/L)	浊度

注意事项：采样时间最好选在晴天的情况下，使得水库水温差异相对大些。

(4) 数据采集与试验安排。

1) 水文数据采集。根据潘家口水库的功能，库区水体基本没有流动，流速数据可不测。向潘家口水文站等相关部门收集本年度进出库流量，水位数据，尤其是采样时间内的数据。

2) 气象数据采集。所需气象数据包括当天的气温、湿度、风速、辐射、云量和降雨数据，前三项可通过便携式气象仪采集。

3) 温度等数据收集。便携式水质监测仪器同时可以进行温度、溶解氧、叶绿素、电导率、溶解性总固体、浊度的监测，最深可以监测到水面30m 以下。实验设计垂向每 3m 进行一次测量，若水温变化剧烈位置，适当增加测量密度，间隔 1～2m 进行一次测量。潘家口水域设计采样断面示意图如图 3-1 所示。

图 3-1 潘家口水域设计采样断面示意图

4）水样采集。进行水温测量的同时，需要对相同地点的水样进行采集，带回实验室进行水质化验。实验设计中水深大于30m的断面取水样3个，即表层、15m层、30m层；水深小于30m的断面取水样2个，即表层、底层（图3-1）。本实验水样的化验分析委托海河流域水环境监测中心引滦工程分中心完成。

3.2.2 试验实施

由于藻类的大量生长和繁殖主要发生在水体温度适宜的春、夏、秋季节，因此，开展试验研究的重点时段也主要集中在此期间。选择坝前、潘家口、燕子峪、贾家庵和瀑河口等5个断面作为水库水质的代表断面的原因如下：这5个断面既是潘家口水库的测淤断面，断面资料比较详细；各断面之间的间距比较均匀，对河道型库区代表性较好；潘家口到坝前区域曾经发生过藻类大量生长和鱼类大量死亡的现象，在其之间的部分断面还进行过水温和营养盐数据的加测。因此，综合考虑水温、水质的季节性特征和多断面分层取样，4月、6月、8月和10月四次试验坝前等5个断面的水温和水质情况基本上能够反映水库水温和水质随时间和空间的变化状况。

在初步试验设计方案的指导下，分别于2010年10月下旬、2011年4月下旬、2011年6月下旬、2011年8月下旬到潘家口水库水域进行了4次野外数据采集试验，基本涵盖春、夏、秋、冬各个季节。

现场数据采集所用仪器为美国YSI公司出产的6600V2型多参数水质检测仪，其温度施测的误差范围为0.15℃，仪器分辨率为0.01℃。按照仪器使用说明的要求，每个测点仪器的响应时间最少为15s，为保证观测数据的精度，一个测点稳定时间为30～40s。待仪器液晶显示屏中的数据稳定时即可记录该测点的水温、溶解氧、电导率、pH值、藻类、叶绿素等参数值。水体透明度用赛氏盘直接在现场测定。

分层水样采集使用由国家环境保护重点实用技术天津推广中心、天津市埃特曼新技术发展有限公司研制开发的专利产品ETM-20系列硬体直通分层采水器，采用贯通、置换、关闭水层面方法，在采水器沿水体自然下降终止后，利用采水器进、出水口两组单向阀片关闭水样，达到分层取水的目的。水样采集后立即加pH值在1～2之间的硫酸酸化保存，并在当天完成实验室项目的检测。其中，总氮采用紫外分光光度法测定，总磷采用钼酸铵分光光度法，所采用仪器为7501紫外分光光度计、T6新锐可见分光光度计。不同时期各断面采集水样点分布见表3-4，在4次实测数据的基础上，分析水库总磷、总氮、氮磷比等指标的沿程空间分布特征以及各断面随时间变化响应特征。

表3-4　　不同时期各断面采集水样点分布

采样日期	瀑河口	贾家庵	燕子峪	潘家口	坝前
2010年10月	3	0	4	3	3
2011年4月	2	2	3	3	3
2011年6月	2	2	3	3	3
2011年8月	2	3	3	3	3

3.2.3 试验结果

本系列试验共采集到19个断面53个水样点的水质数据，共43个断面的水温数据。实验室检测数据包括总磷、总氮、氨氮以及高锰酸盐指数等指标，由于我们主要研究内容为水库营养盐的分布状况，因此仅对水体总氮、总磷浓度空间分布做进一步的分析。水温数据由便携式水质检测仪现场测定，最深测到水下30m处。4次试验共计53个水样点的总氮浓度介于3.31～10mg/L，均劣于地表水环境质量Ⅴ类水标准。4次试验53个水样点的总磷浓度介于0.04～0.353mg/L之间，其中有4个水样点符合地表水环境质量Ⅲ类水标准，28个水样点符合地表水环境质量Ⅳ类水标准，19个水样点符合地表水环境质量Ⅴ类水标准，2个水样点劣于地表水环境质量Ⅴ类水标准。不同采样时间各断面水样总氮和总磷浓度随水深相关示意图如图3-2和图3-3所示。

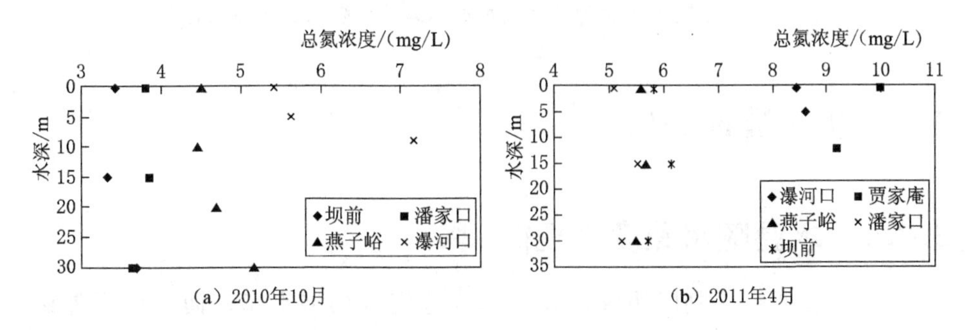

图3-2（一）　不同采样时间各断面水样总氮浓度随水深相关示意图

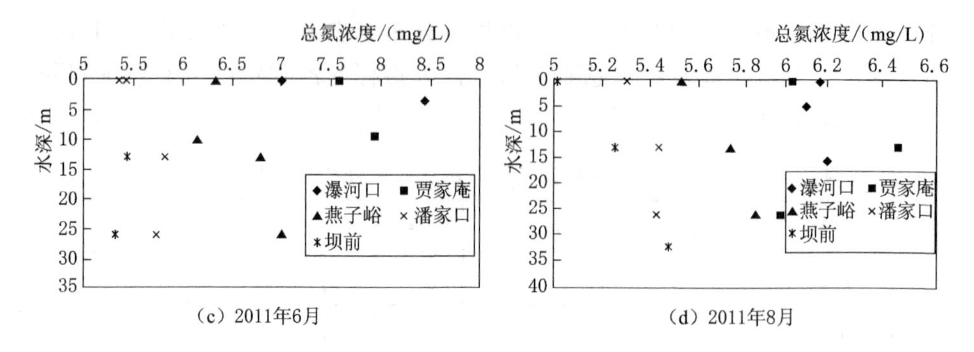

（c）2011年6月　　（d）2011年8月

图 3-2（二）　不同采样时间各断面水样总氮浓度随水深相关示意图

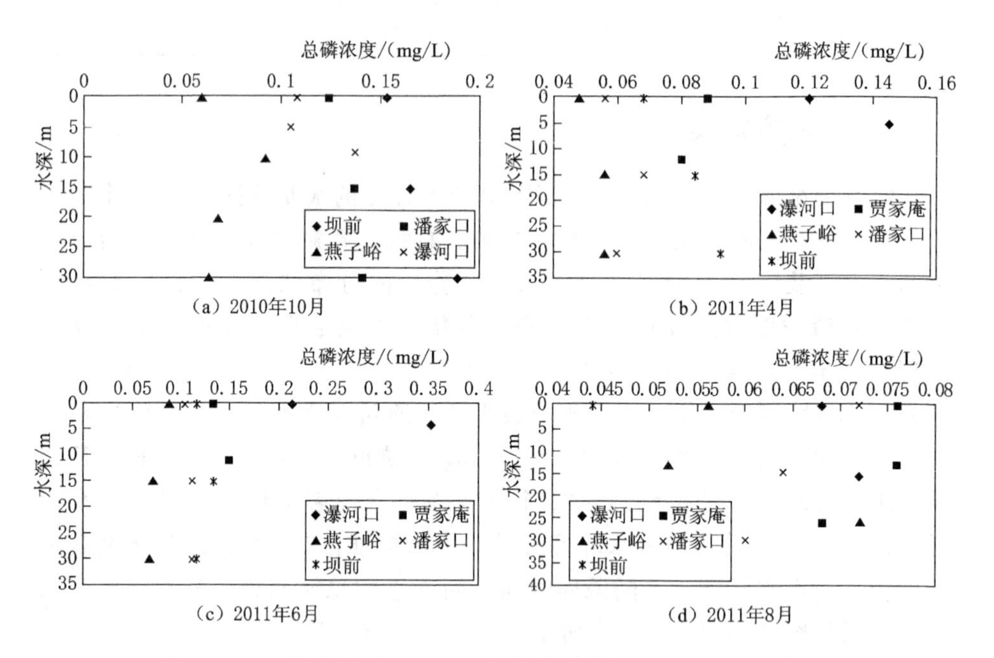

（a）2010年10月　　（b）2011年4月

（c）2011年6月　　（d）2011年8月

图 3-3　不同采样时间各断面水样总磷浓度随水深相关示意图

3.3　实测数据分析

3.3.1　水温随水深变化规律

由 $\alpha-\beta$ 指标法判断出潘家口水库为稳定分层型水库，而我们野外试验结果也显示库水温随水深变化明显。从 4 次试验数据来看，不同季节条件下库水温结构差异非常明显，总体来说冬春季节水温垂向分布较夏秋季节均匀，温跃层也不明显，水温在纵向上的差异较夏秋季节更加明显。

首先，按照时间尺度来分析水温分布特征，①2010年10月，如图3-4所示：实测最大值位于燕子峪断面表层，为14.34℃，最小值位于瀑河口断面底部，为5.52℃；深水区水温垂向分布均匀，水下30m处水温与库表水温差距在1℃以内，温跃层不明显；水库上游来水水温明显低于近坝区域水温，说明水库整体上处于降温过程；水库中段的贾家庵、屁股甸子断面库底水温在8℃左右。②2011年4月，如图3-5所示：实测最大值位于屁股甸子断面表层，为14.19℃，最小值位于燕子峪断面水下24m处，为2.84℃；水库水温处于上升期，在垂向和纵向分布非常复杂，温跃层开始出现，但不稳定；从库尾到坝前表层水温逐渐降低，而深层水温则逐渐升高，两者正好相反。③2011年6月，如图3-6所示：实测最大值位于燕子峪断面水下2m处，为25.18℃，最小值位于燕子峪断面水下30m处，为3.53℃；水库不同断面水温随水深变化趋势比较一致，表层等温带较薄，但是比较稳定，说明水库整体上处于升温状态；水库水温分层状况明显，温跃层较稳定，其温度梯度约为2℃/m。④2011年8月，如图3-7所示：实测最大值位于燕子峪断面表层，为25.63℃，最小值位于潘家口断面水下30m处，为8.73℃；水库不同断面水温随水深变化趋势基本一致，也就是说同一水深不同断面的水温大体相当；存在明显的复合温跃层，第一个位于水下5m处，第二个位于水下15m处。

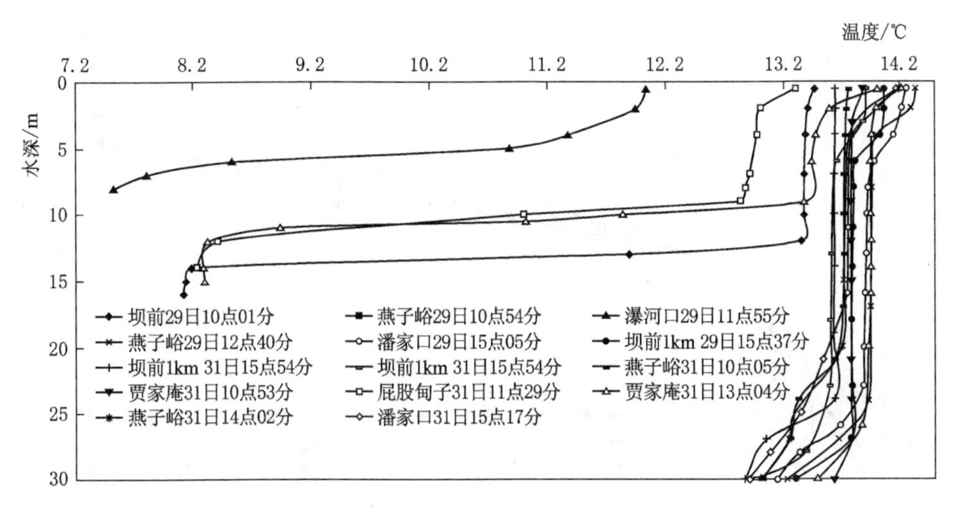

图3-4 2010年10月不同断面水温随水深变化曲线图

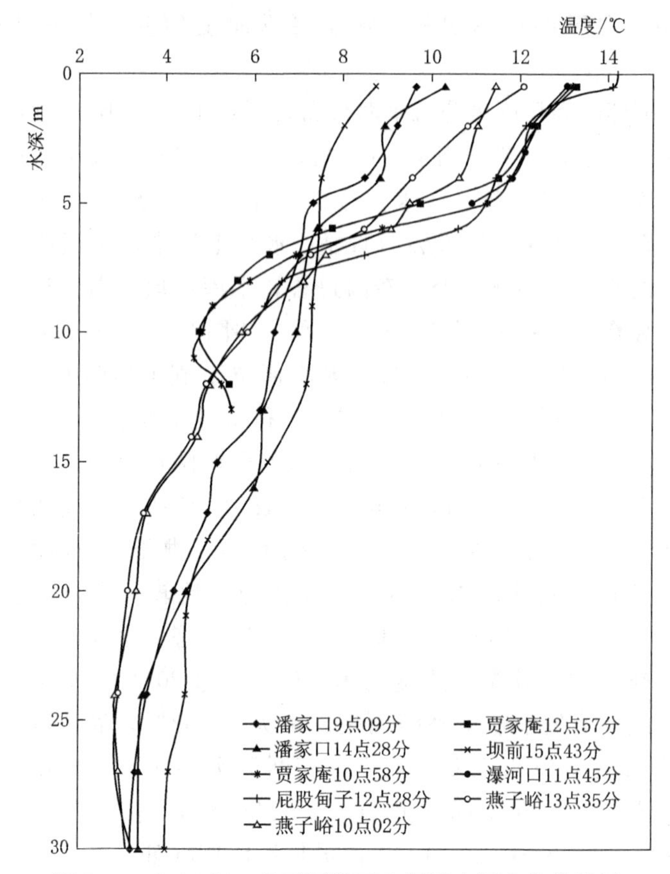

图3-5　2011年4月不同断面水温随水深变化曲线图

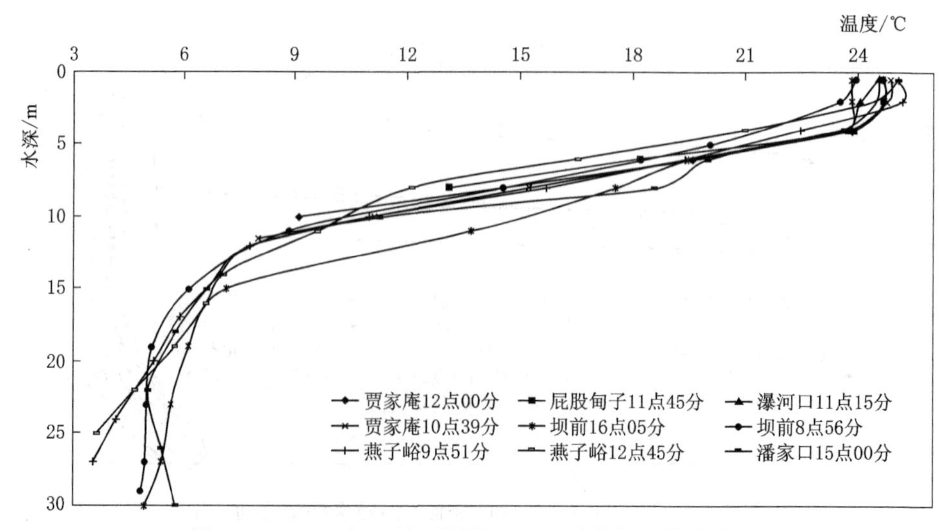

图3-6　2011年6月不同断面水温随水深变化曲线图

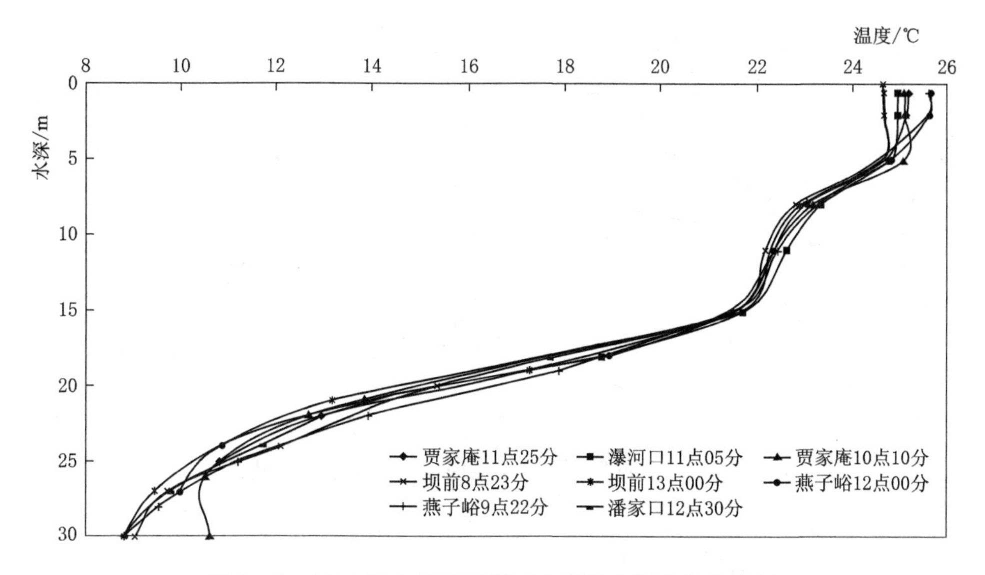

图 3-7 2011 年 8 月不同断面水温随水深变化曲线图

其次，还可以通过分析不同施测时间下瀑河口、燕子峪和坝前断面水温随水深变化曲线来说明水库不同区域水温的变化规律。水库上游段水深较小，水温分层不明显，水面和库底水温相差较小，其水温分布主要受上游来水温度的影响，瀑河口断面水温自高到低的时间点依次为 2011 年 8 月、2011 年 6 月、2011 年 4 月和 2010 年 10 月，如图 3-8 所示。水库中游段和下游段水深较大，除 2010 年 10 月外水温分层明显，表层水温与深层水温差值变大，最大温差在 20℃以上；表层水温最大值出现在 2011 年 8 月，深层水温最大值出现在 2010 年 10 月，如图 3-9、图 3-10 所示。

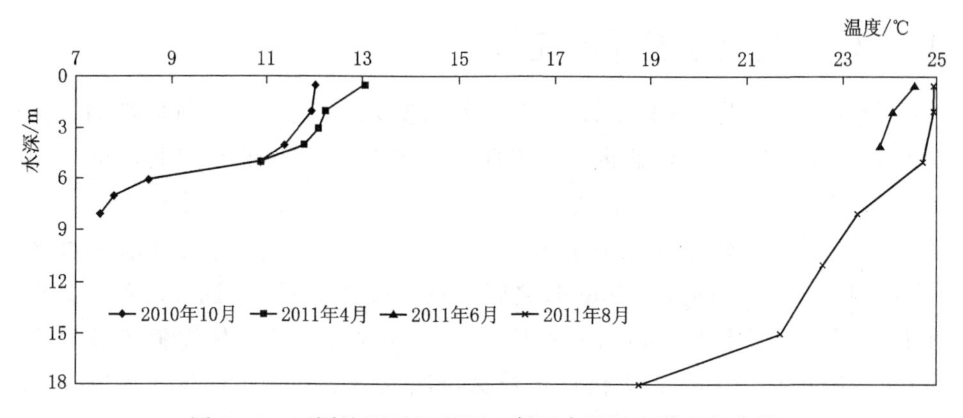

图 3-8 不同施测时间瀑河口断面水温随水深变化曲线

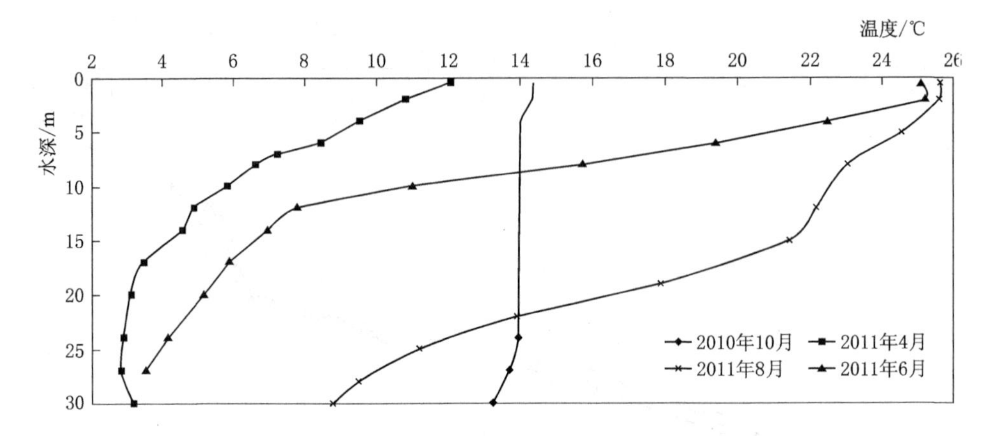

图3-9　不同施测时间燕子峪断面水温随水深变化曲线

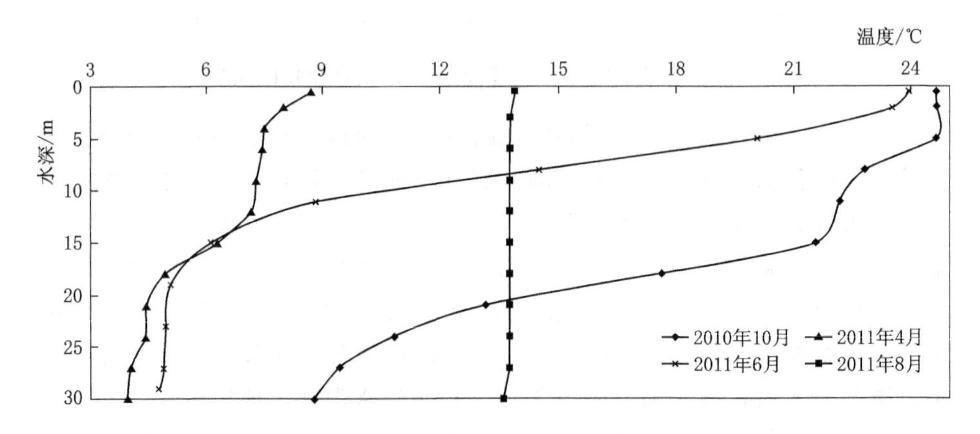

图3-10　不同施测时间坝前断面水温随水深变化曲线

3.3.2　总氮时空分布特征

设计断面和设计采样点设置综合考虑地形和水流条件，所取得的数据采样点比较均匀，基本能够代表水库二维水质分布状况，因此，可采用反距离权重差值（IDW）方法[68]将表3-4各水样点总氮浓度值差值到整个水库纵剖面，如图3-11所示。其中，2010年10月潘家口水库水体总氮浓度介于3.31～7.16mg/L之间，最大值位于瀑河口断面底部，最小值位于坝前断面水下15m处；2011年4月潘家口水库水体总氮浓度介于5.09～10mg/L之间，最大值位于贾家庵断面表层，最小值位于潘家口断面表层；2011年6月潘家口水库水体总氮浓度介于5.31～8.44mg/L之间，最大值位于瀑河口断面底部，最小值位于坝前断面水下 30m 处；2011 年 8 月潘家口水库水体总氮浓度介于 5.01～6.43mg/L 之间，最大值位于贾家庵断面水下 15m 处，最小值位于坝前断面表层。4 次试验共计 53 个水样点的总氮浓度介于 3.31～10mg/L，均劣于地表水环境质量Ⅴ类水标准。

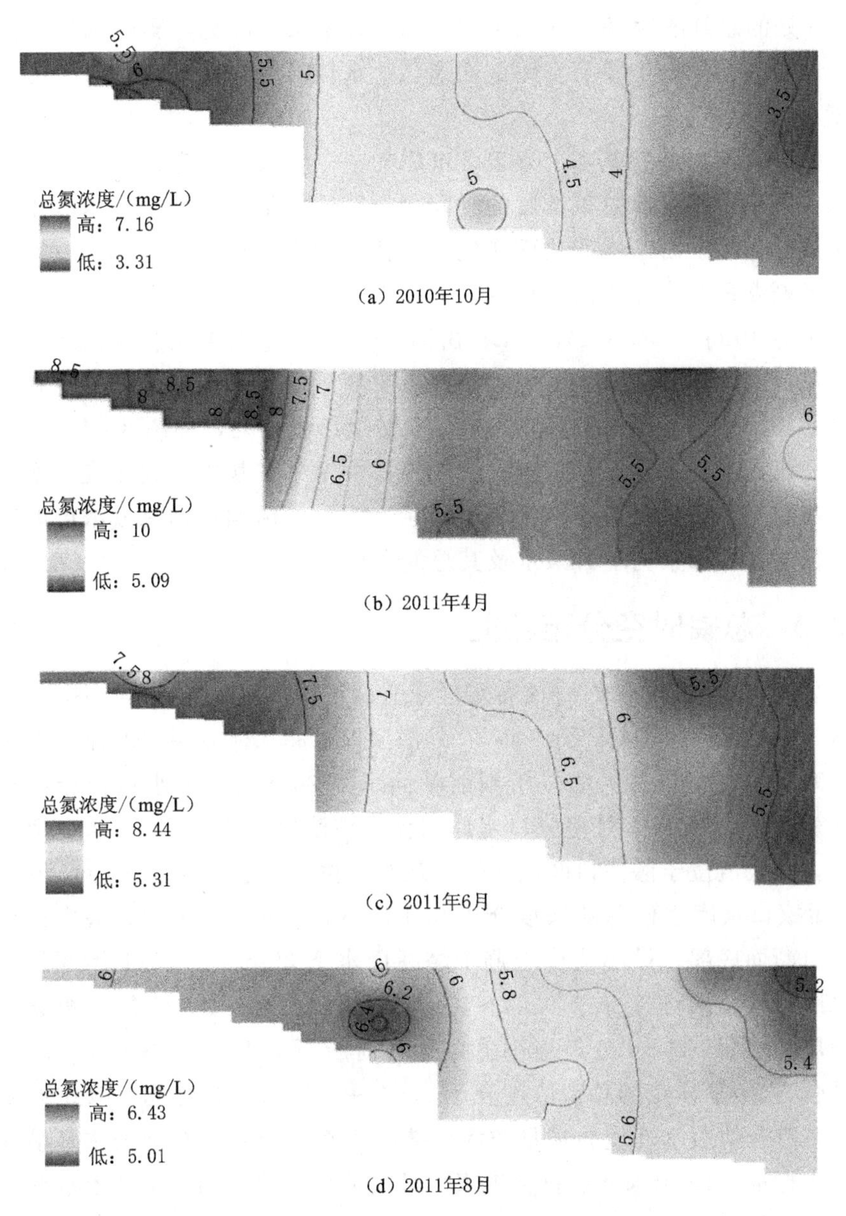

(a) 2010年10月

(b) 2011年4月

(c) 2011年6月

(d) 2011年8月

图 3-11　潘家口水库总氮浓度纵-垂向分布示意图

从图 3－11 可知，水库总氮浓度的空间分布特征可概括为：库尾至坝前段水体总氮浓度沿水流方向逐渐下降，纵向分布层次清晰；部分区域水体总氮浓度垂向分布差异性不显著。以 2011 年 6 月数据为例，瀑河口断面至坝前断面 30km 内总氮浓度下降了 3.13mg/L，稀释作用明显；坝前断面水下 30m 处总氮浓度仅比表层下降了 0.04mg/L，而瀑河口断面水面下 4m 处的总氮浓度却比表层升高了 1.44mg/L。可见，影响水体总氮浓度空间分布特征的主要有水库剖面形状、水体流场以及底泥释放等方面的因素。

另外，四次试验基本上涵盖了水库的整个水文年，考虑季节以及上游来水等因素可将水库总氮浓度的时间分布特征概括为：潘家口水库水体总氮浓度分布随上游来水变化而变化。汛初上游来水总氮浓度偏高，瀑河口至燕子峪断面存在较高浓度梯度，如图 3－11（b）、（c）所示，最大实测浓度可达 10mg/L 和 8.44mg/L；由图 3－11（c）、（d）等值线所示，随着入库流量的大幅增加，入库水流胁迫高浓度污染团逐渐靠近坝前，在此过程中污染团逐渐得到稀释和降解，总氮浓度趋于均匀，如图 3－11（d）所示；非汛期上游来水以及总氮含量较小，水库总氮基本达到收支平衡，浓度分布相对稳定，如图 3－11（a）所示。因此，影响水体总氮浓度时间分布特征的主要因素为上游来水及其总氮含量。

3.3.3　总磷时空分布特征

采用 IDW 方法将表 3－4 各水样点总磷浓度值对应到整个水库纵剖面，如图 3－12 所示。其中，2010 年 10 月潘家口水库水体总磷浓度介于 0.06～0.189mg/L 之间，最大值位于坝前断面水下 30m 处，最小值位于燕子峪断面表层；2011 年 4 月潘家口水库水体总磷浓度介于 0.048～0.145mg/L 之间，最大值位于瀑河口断面底层，最小值位于燕子峪断面表层；2011 年 6 月潘家口水库水体总磷浓度介于 0.068～0.353mg/L 之间，最大值位于瀑河口断面底部，最小值位于燕子峪断面水下 30m 处；2011 年 8 月潘家口水库水体总磷浓度介于 0.04～0.076mg/L 之间，最大值位于贾家庵断面表层和水面下 15m 处，最小值位于坝前断面水下 15m 处和 37m 处。4 次试验 53 个水样点的总磷浓度介于 0.04～0.353mg/L 之间，其中有 4 个水样点符合地表水环境质量Ⅲ类水标准，28 个水样点符合地表水环境质量Ⅳ类水标准，19 个水样点符合地表水环境质量Ⅴ类水标准，2 个水样点劣于地表水环境质量Ⅴ类水标准。

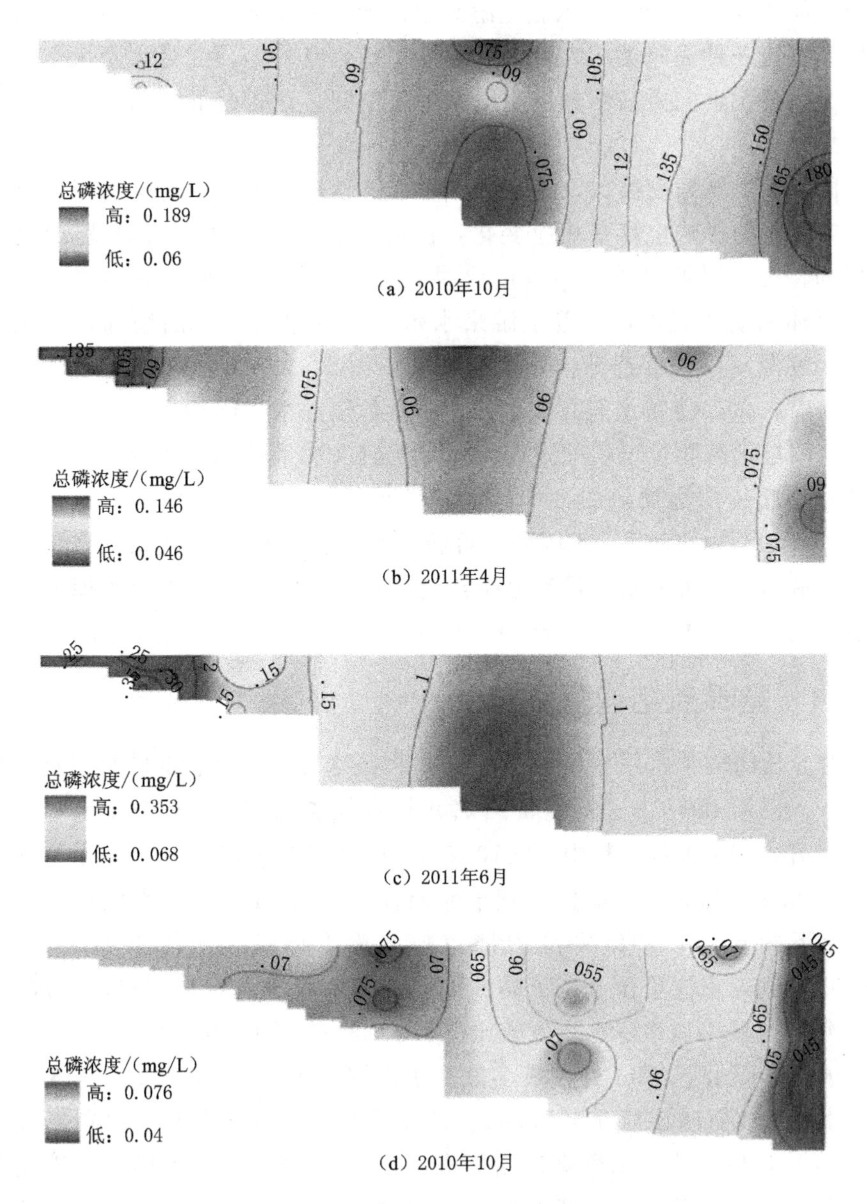

(a) 2010年10月

(b) 2011年4月

(c) 2011年6月

(d) 2010年10月

图 3-12 潘家口水库总磷浓度纵-垂向分布示意图

水体总磷浓度在空间上呈现出“中间低、两头高”的分布特征，也就是说燕子峪断面附近总磷浓度值要低于瀑河口断面以及坝前断面的浓度值，在燕子峪附近形成一个低浓度带，如图 3-12 (a)、(b)、(c) 所示；直到汛期结束、水位大幅升高才将此“隔离带”打破，此时水体总磷浓度趋于均匀，如图 3－12（d）所示。上游来水源源不断带入的营养成分、适宜的地形和水流条件为藻类的大量繁殖提供了基本条件，而此处大量无饵养殖网箱又为磷元素向更高营养级流动提供了空间，这也是此低浓度带存在的原因之一。

同水体总氮浓度类似，潘家口水库水体总磷浓度受上游来水以及渔业养殖等因素的影响也存在相应变化，但是上游来水的总磷浓度呈现更加明显的特征：汛期来水总磷浓度含量较低，非汛期含量较高。假设 4 月作为循环周期的起点，随着上游来水水量以及总磷含量的增加，低浓度带宽度逐渐减小，并逐渐向坝前移动，如图 3－12（b）、（c）所示；汛期刚结束时，水库将蓄水至兴利水位，相对稳定的浓度结构遭到破坏，高浓度污染团被水流胁迫至坝前附近，同时上游来水量及总磷含量减少，使得燕子峪附近又会达到新的平衡，重新出现低浓度带，形成循环过程，如图 3－12（a）、（d）所示。因此，可将影响水体总磷浓度时间分布特征的直接因素归于上游来水水量和总磷含量、水生生物的富集以及水库的运行调度方式。

3.3.4　营养盐结构变化特征

营养盐结构常常用 N/P 来表征，是表征水环境营养状况的重要指标之一[69-70]。采用 IDW 方法将表 3－4 各水样点氮磷比值插值到整个水库纵剖面，如图 3－13 所示。其中，2010 年 10 月潘家口水库水体氮磷比值介于 19.5～80.3 之间，最大值位于燕子峪断面水下 30m 处，最小值位于坝前断面水下 30m 处；2011 年 4 月潘家口水库水体氮磷比值介于 59.24～116.04 之间，最大值位于燕子峪断面表层，最小值位于瀑河口断面底层；2011 年 6 月潘家口水库水体氮磷比值介于 23.91～102.94 之间，最大值位于燕子峪断面水下 30m 处，最小值位于瀑河口断面底层；2011 年 8 月潘家口水库水体氮磷比值介于 73.62～136.75 之间，最大值位于坝前断面水下 37m 处，最小值位于潘家口断面表层。4 次试验 53 个水样点氮磷比值介于 19.5～136.75 之间，而且水体总磷含量大多都大于美国 EPA 建议的水库总磷浓度上限 0.025mg/L[71]。根据营养盐浓度的绝对限制和相对限制法则[72]可知，氮和磷都不是水库浮游植物生长的限制因子，N/P 值过高表明如果出现藻类大量生长，水体中的氮和磷将会被大量消耗，而磷营养盐将会优先被消耗到低值，甚至有可能低于阈值，从而使磷成为浮游植物的限制因子。

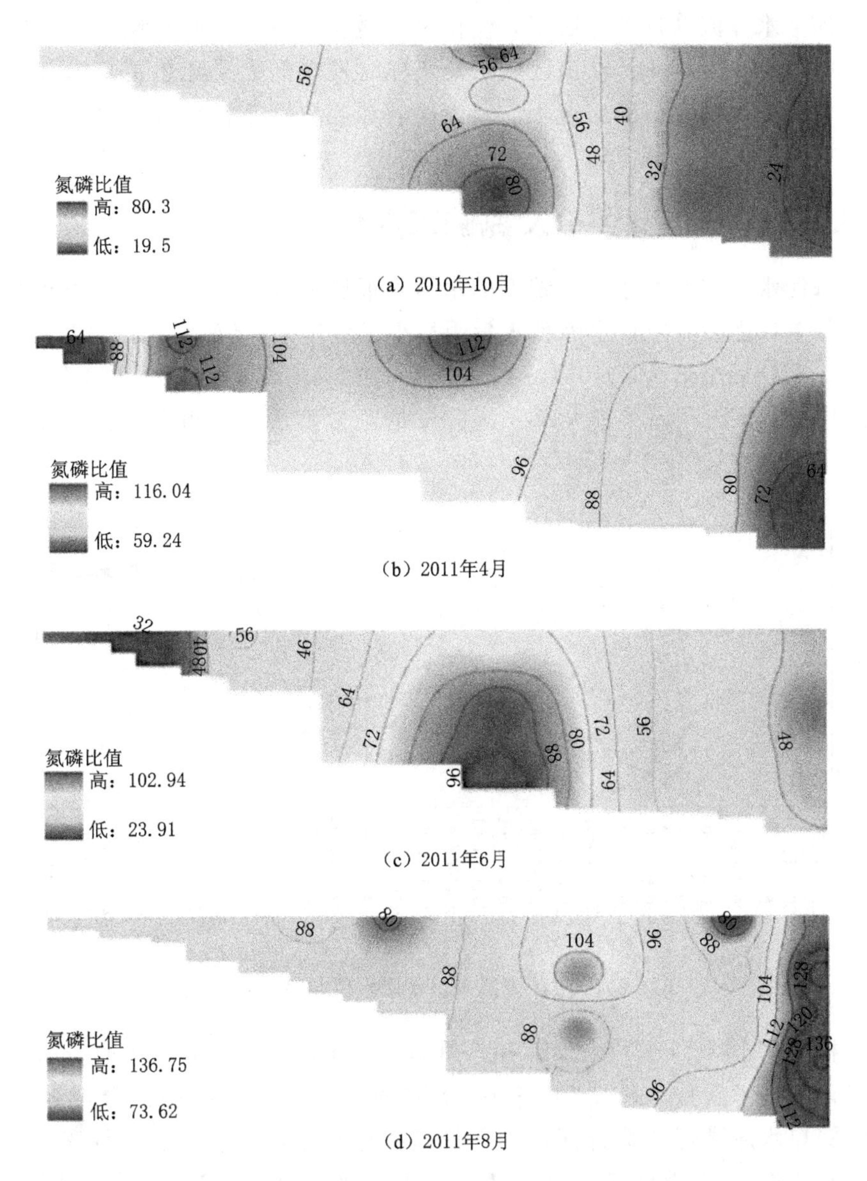

（a）2010年10月

（b）2011年4月

（c）2011年6月

（d）2011年8月

图 3－13　潘家口水库氮磷比值纵-垂向分布示意图

由于潘家口水库水体总氮浓度和总磷浓度时空分布的差异性使得水体氮磷比值分布规律的分析更加困难。由于大多时间燕子峪断面附近会存在一个低浓度带使得氮磷比值正好在此形成一个高浓度带，呈现出“中间高，两头低”的分布特征。总氮总磷浓度的年内变化决定了氮磷比值也存在同样的时间变化特征。此外，潘家口断面至坝前断面区域氮磷比值较小，加上水体流动性差等因素，使得该区域发生富营养化风险较高，2010年10月和2011年4月在该区域采集水样时发现的大量死鱼更是验证了该结论，因此，潘家口断面至坝前断面区域和养鱼网箱密集区域是水库富营养化控制的关键区域。

3.3.5 营养状况评价及氮磷来源分析

海河水利委员会水文局编发的水情月报显示，2010年1月1日至2012年4月1日之间潘家口水库蓄水量明显小于多年平均值，如图3-14所示。其中，水位最小值为2010年7月1日的188.48m，最大值为2011年12月1日的213.29m，远小于水库222.00m的正常蓄水位，相应的水库总库容为15.53亿m^3。

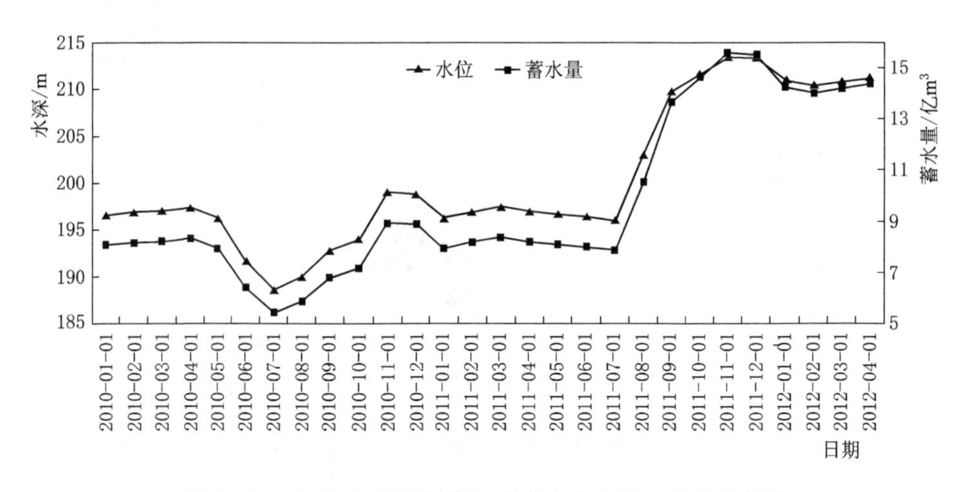

图3-14　2010年以来潘家口水库水位与蓄水量变化曲线

根据2010年10月到2011年8月多断面实测数据，采用《地表水资源质量评价技术规程》（SL 395—2007）中湖（库）营养状态评分定级法也对潘家口水库进行了综合评价，评价指标包括总磷、总氮、叶绿素a、高锰酸盐指数和透明度等五个参数。各断面综合营养状态指数（EI）见表3-5和图3-15所示。可见，潘家口水库富营养化状况比较严重，营养状态指数最高的断面为2011年4月的瀑河口断面。

此外，从以上对水库氮磷时空分布特征的分析可知，高浓度总氮、总磷水体入库时间主要集中为4—6月，恰好是农田灌溉高峰用水期，瀑河口断面总氮平均浓度分别达到8.52mg/L和7.72mg/L，瀑河口断面总磷平均浓度分别达到0.133mg/L和0.283mg/L。受传统农业大水漫灌方式

表 3-5　　各施测断面综合营养状态指数得分表

时间	断面	EI 值	评价结果	时间	断面	EI 值	评价结果
2010 年 10 月	瀑河口	50	轻度富营养	2011 年 6 月	瀑河口	63.8	中度富营养
	燕子峪	46	中营养		燕子峪	58.8	轻度富营养
	潘家口	48	中营养		潘家口	59.8	轻度富营养
	坝前	48	中营养		坝前	60.4	中度富营养
2011 年 4 月	瀑河口	64.2	中度富营养	2011 年 8 月	瀑河口	58.4	轻度富营养
	燕子峪	56.8	轻度富营养		燕子峪	58	轻度富营养
	潘家口	55.6	轻度富营养		潘家口	58.2	轻度富营养
	坝前	57.2	轻度富营养		坝前	56.6	轻度富营养

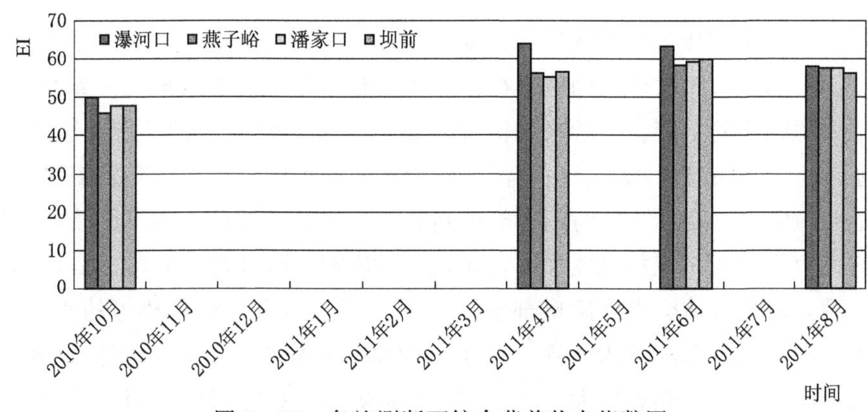

图 3-15　各施测断面综合营养状态指数图

影响，同期潘家口水库以上滦河干流的乌龙矶断面附近河道内几乎断流，原本的河道径流变成了农田径流，过乌龙矶断面后大量的农田退水又汇入滦河干流，进而流入潘家口水库，随之而来的是农药、化肥等非点源污染负荷。同时，瀑河口上游河道密密麻麻地布满了养鱼网箱，投饵会导致大量的有机物进入水体，因此，随入库径流而来的农田灌溉退水和渔业养殖网箱是水体营养盐的主要来源。

一般而言，农业非点源污染的形成主要由降雨径流、土壤侵蚀、地表溶质溶出和土壤溶质渗漏等四个相互联系、相互作用的过程[73]，其迁移方式按形态划分主要包括悬浮态流失和淋溶流失两种[74]。氮施入土体后，NH_4^+-N 呈球形扩散，而 NO_3^--N 主要以质流方式迁移[75]；磷的流失以吸附作用为主[76]。从乌龙矶断面和瀑河口断面的监测数据来看，4—6 月氨氮含量所占总氮含量的比例远大于 NO_3^--N 和 NO_2^--N 所占的比例，由此可知，进入水体的氮主要是以悬浮态流失方式为主；8—10月则正好相反，NO_3^-－N和NO_2^-－N含量所占总氮含量的比例约为80%，进入水体的氮主要是以淋溶流失方式为主。

3.4　水质指标分布规律探讨

一般而言，河道深型水库受上游来水和气象条件的周期性影响，水库水体的温度结构和营养盐浓度分布存在周期性的变化特征，下面根据河道深型水库特点分别分析水温和水质指标的年内变化规律。

3.4.1　水温变化规律

水体温度直接影响到水体的密度，温度的变化对密度的影响甚至要大于盐度的影响，水库水体不同区域存在的密度差导致了两个结果：入库径流的掺混和温跃层的生消。上游来水温度是影响水库热量收入的关键因素之一，与水库温度分布息息相关。由于河道深型水库库长较大，上游随径流进入库区的热量需要一定的响应时间才能得到充分的混合，因此，在不同季节库区沿纵向也会存在一定的温度梯度，而入库径流本身温度可能与库区表层温度不一致，流动水体会沿水库底部流入水库，到达与自身密度相等的水层后，水平方向以层状形式进入水库。由于上游来水水深较小，与河床接触充分，再加上水库水体的热容较大，使得河道水温等水质指标对气象因素响应时间较短。春季上游来水温度大于库区表层温度，高温水流缓缓流动到坝前，从库尾到坝前上层水温逐渐降低；随着太阳辐射强度和气温的升高，夏秋季节水库上层水温与上游来水水温相差无无几，纵向水温梯度逐渐消失，库尾到坝前上层水温相差不大；而到秋末季节，水库上层水温会大于平均气温，而上游来水水温降低，从库尾到坝前上层水温逐渐升高，与春季梯度方向正好相反。不同季节河道深型水库表层水温与距坝前距离相关示意图如图3-16所示。

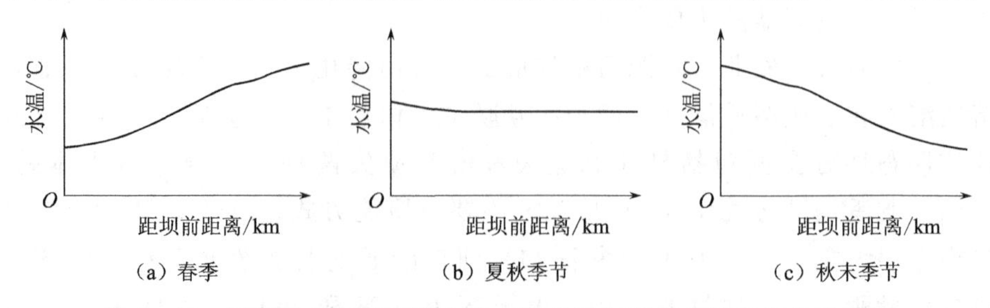

图3-16　不同季节河道深型水库表层水温与距坝前距离相关示意图

对于河道深型水库而言，辐射、气温等气象条件对下层水体的影响作用较小，使得水库下层水体与上层水体存在明显的温差和密度差。受太阳辐射作用和上游来水的影响在表层形成一个稳定的温水层，温度随深度变化最显著的水层即为温跃层，它是水-气热量交换、太阳辐射、风掺混动能等原因综合作用的结果，温跃层的存在会影响到水体的垂向流动，阻断溶解氧等水质指标的垂向掺混。初春季节，水体表层水温与深层水温相差不大，甚至存在温度逆转现象，此时水体掺混作用明显增强，表层水体下沉，下层水体携带大量无机盐上翻到水体表面，为藻类大量生长提供物质基础；夏秋季节水体表层升温明显，较强的辐射强度和较高的气温维持了水库表层稳定的温水层，表层水温与深层水温差距显著，最大温差可达20℃以上，温跃层明显，随热量的不断积累温跃层会不断下移，温度梯度逐渐减小，深层水体温度增加；秋末季节表层水温逐渐下降，此时深层水温也会升高到年内最大值，表层水体与深层水体温差逐渐减小，温跃层消失，水库处于降温状态。不同季节河道深型水库垂向水温与水深相关示意图如图 3－17 所示。

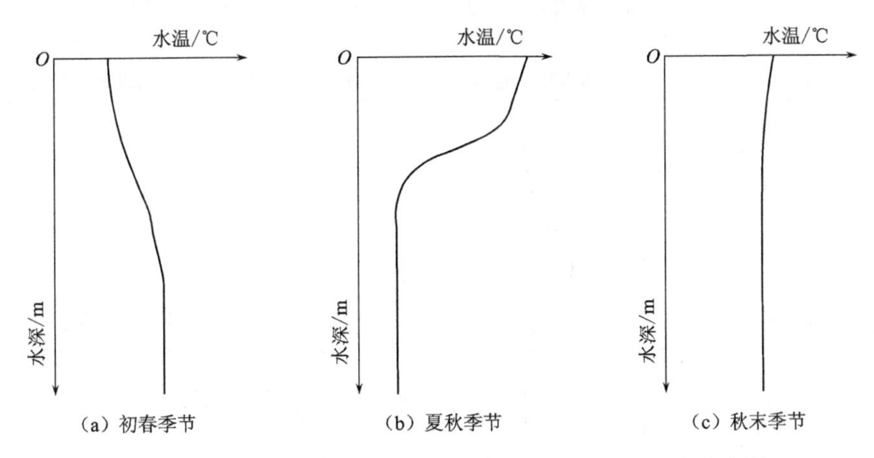

图 3－17　不同季节河道深型水库垂向水温与水深相关示意图

3.4.2　浓度指标变化规律

水库水质因子受流场、温度、水生态系统等因素的综合影响，其分布规律比较复杂，但是我们还是能从中找到它们的一般分布特征。水库污染负荷入库来源主要有径流带入和渔业养殖、底泥释放等内源两个途径。河道深型水库从库尾到坝前水深逐渐增加，响应的过水断面面积也会增大，受水体稀释和净化作用，水质指标浓度逐渐下降，其示意图如图 3－18 所示。但是在温度或者水生态系统的过度干扰之下也会出现局部浓度值偏低的状况，如图3-12所示的实测总磷浓度分布可知，藻类的大量消耗并向更高营养级富集可以使某种水质指标浓度降低。水质指标在垂向的浓度分布主要受到水流的移流扩散作用、表层投饵和底泥吸附与释放的作用，其分布受影响因素的大小的影响呈现出不同的特征。图3-19（a）、（b）、（c）、（d）分别是营养盐浓度在单独考虑了表层水生生物消耗、渔业养殖投饵、底泥吸附和底泥释放影响下的垂向浓度分布示意图，中间位置的凹槽部分体现移流扩散过程对水质指标垂向浓度分布的作用。

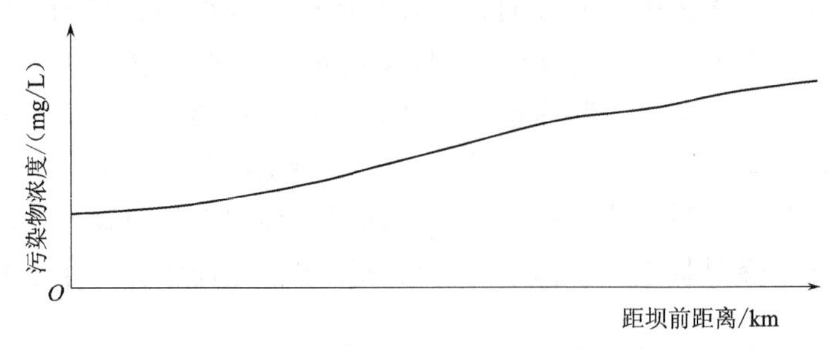

图3-18　河道深型水库污染物浓度与距坝前距离相关示意图

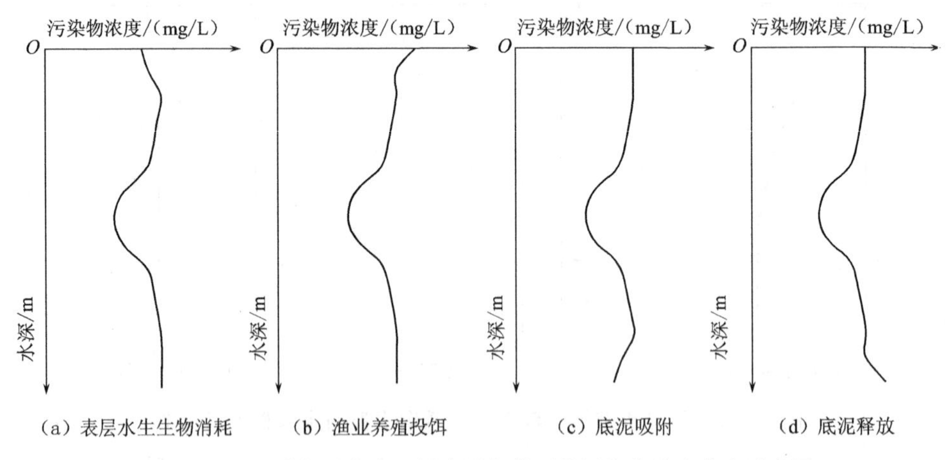

图3-19　河道深型水库不同边界条件下的污染物浓度分布示意图

水体中水质指标的变化也受到水体温度的影响，主要表现在：温度影响水质指标本身的特性，也会影响到分解和合成水质指标的微生物的活性；水温在垂向的分层现象隔离了表层等温带和底层水体的交换作用，温度逆转现象反而会促进上下层水体的混掺，促进水质指标的混合。

第 4 章　水库二维数值模型及其应用

4.1　河道深型水库二维模拟方程

垂向二维数学模型假定流速、水质浓度、水温等在横断面方向保持不变，在水深方向和纵向发生变化，水库水体被沿水平纵向、水深方向分成若干控制体，通过计算每个控制体内部的水温、泥沙、污染物等物质的收支情况达到模拟水体内部流动、热量传递、污染物输移转化的目的。

4.1.1　基本方程

在垂向二维模型中，水库水体的流场是通过连续方程和运动方程联立求解计算出来的，其结果与实际情况也更加符合，垂向二维模型示意图如图 4－1 所示。由于水流是连续介质，我们也可以假定水体中所包含的其他物质也是连续的，如水质浓度、水温和泥沙等，根据质量守恒、动量守恒和能量守恒等基本原理建立数学物理模型，其基本控制方程如下。

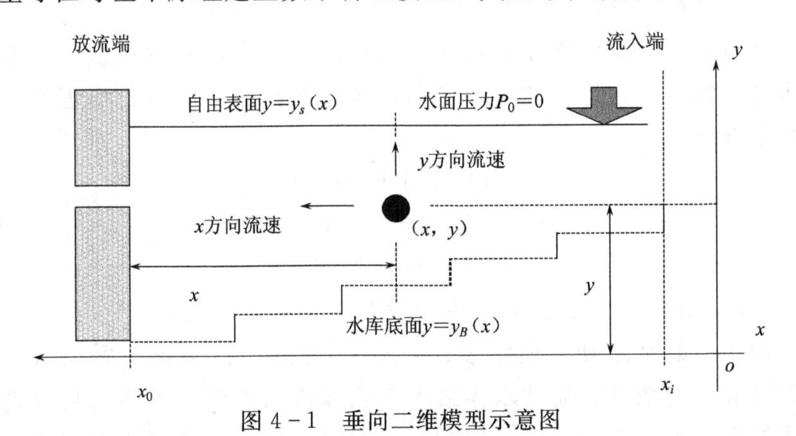

图 4－1　垂向二维模型示意图

（1）连续性方程。

$$\frac{\partial u}{\partial x}+\frac{\partial v}{\partial y}=0 \tag{4-1}$$

（2）x 方向上的动量守恒方程。

$$\frac{\partial u}{\partial t}+u\frac{\partial u}{\partial x}+v\frac{\partial u}{\partial y}=-\frac{1}{\rho}\frac{\partial P}{\partial x}+\frac{\partial}{\partial x}\left(A_x\frac{\partial u}{\partial x}\right)+\frac{\partial}{\partial y}\left(A_y\frac{\partial u}{\partial y}\right) \tag{4-2}$$

（3）y 方向上的动量守恒方程。

$$\frac{\partial P}{\partial y}=-\rho g \tag{4-3}$$

（4）水温平衡方程。

$$\frac{\partial T}{\partial t}+u\frac{\partial T}{\partial x}+v\frac{\partial T}{\partial y}=\frac{\partial}{\partial x}\left(K_x\frac{\partial T}{\partial x}\right)+\frac{\partial}{\partial y}\left(K_y\frac{\partial T}{\partial y}\right)+\frac{H}{\rho C_W} \tag{4-4}$$

（5）物质平衡方程。

$$\frac{\partial C}{\partial t}+u\frac{\partial C}{\partial x}+v\frac{\partial C}{\partial y}=\frac{\partial}{\partial x}\left(D_x\frac{\partial C}{\partial x}\right)+\frac{\partial}{\partial y}\left(D_y\frac{\partial C}{\partial y}\right)+\sum S_i \tag{4-5}$$

（6）自由表面运动条件。

$$v_s=\frac{\partial h}{\partial t}+u_s\frac{\partial h}{\partial x} \tag{4-6}$$

（7）密度函数。

$$\rho=f(C,T) \tag{4-7}$$

式中：u 为水流沿水平方向流速；v 为水流沿垂直方向流速；T 为水温；C 为物质浓度；P 为压强；D 为浓度扩散系数；K 为温度扩散系数；C_W 为水的比热；H 为热量输入；ρ 为水的密度。

4.1.2　流态方程

（1）流入水流。河水流入水库时与水库表层水体发生混合，会连带一部分水体一同进入水库，在这一连动过程中混合流动水体的物理参数也将发生如下变化：

$$Q'_i=(1+r)Q_i \tag{4-8}$$

$$T'_i=(T_i+rT_m)/(1+r) \tag{4-9}$$

$$C'_i=(C_i+rC_m)/(1+r) \tag{4-10}$$

式中：r 为连动掺混系数，其范围一般在 0.5～1.0 之间；T_m、C_m 分别为表层连动水体的水温和溶质浓度；T'_i、C'_i 分别为连动掺混后流入水体的平均温度和平均浓度。流动水体沿水库底部流入水库，到达与自身密度相等的水层后，水平方向以层状形式进入水库。流入水流流速近似为高斯分布。流速分布和流入层厚度可按下式计算：

$$u_{iy}=u_{i\max}\mathrm{e}^{-\frac{(y-y_{in})^2}{2\sigma_i^2}} \tag{4-11}$$

$$\delta_i=\left(\frac{Q'_i}{B_y Fr_i\sqrt{g\varepsilon_i}}\right)^{1/2} \tag{4-12}$$

式中：u_{iy}为标高 y 处流入水流沿水平方向的速度；$u_{i\max}$为 $y=y_{\text{in}}$处流入水流沿水平方向的最大速度；y_{in}为流入水流中心线标高；σ_i 为流入流速高斯分布的标准差；δ_i 为流入层的厚度；Fr_i 为流入水流的弗劳德数；ε_i 为流入点密度梯度。

(2) 流出水流。对于水库，放流或发电站引水所形成的水体出流，会有选择取水现象，在取水口标高处形成厚度为 δ_o 的流层，其流速分布可近似为高斯分布，其流速及流动层厚度可以用下式表示：

$$u_{oy}=u_{o\max}\mathrm{e}^{-\frac{(y-y_{\text{out}})^2}{2\sigma_o^2}} \tag{4-13}$$

$$\delta_o=Fr^{-1/2}\left(\frac{Q'_i}{\theta\sqrt{g\varepsilon_o}}\right)^{1/3} \tag{4-14}$$

式中：u_{oy}为标高 y 处流出水流沿水平方向的速度；$u_{o\max}$为 $y=y_{\text{out}}$处流出水流沿水平方向的最大速度；y_{out}为流出水流中心线标高；σ_o 为流出流速高斯分布的标准差；δ_o 为流出层的厚度；Fr 为流出水流的弗劳德数；ε_o 为流出点密度梯度。

(3) 垂向流速。垂向流速分量可由连续方程推导求出，如下所示：

$$v_y=\frac{1}{A_y}\int_{y=y_B}^{y}(u_{iy}-u_{oy})B_y\,\mathrm{d}y \tag{4-15}$$

式中：y_B 为水库库底标高。

4.1.3 热交换方程

如 2.2.1 所述，在数学模型计算中除考虑入库径流带入热量外，主要考虑水库表面发生的热量交换，包括：太阳辐射、大气辐射、水体辐射、水面反射、蒸发散热及水气间的热传导。通过水面进入水体的热通量可以表示为

$$\phi=\phi_o-\phi_e-\phi_c-\phi_{ra} \tag{4-16}$$

式中：ϕ_o 为太阳辐射通量（扣除水面反射部分）；ϕ_e 为蒸发散热通量；ϕ_c 为热传导散热通量；ϕ_{ra} 为有效逆辐射通量，定义为水体辐射通量减去大气辐射通量。所有热通量的单位为 kcal/(m^2 · d)。

(1) 太阳辐射通量。太阳辐射产生辐射热通量 ϕ_s，经过水面反射后剩余 ϕ_o：

$$\phi_o=(1-a_r)\phi_s \tag{4-17}$$

这其中，$\beta\phi_o$ 被水面吸收，其余 $(1-\beta)\phi_o$ 以指数衰减的方式传入水体内部，高程 y 处的热通量可以根据 Harleman 公式计算：

$$\phi_y(y)=(1-\beta)\phi_o\cdot e^{-\eta(y_s-y)} \tag{4-18}$$

式中：a_r 为水库表面反射率，取值范围 0.06～0.11；β 为水库表面吸收比，其值约为 0.5 左右；η 为水体透光率。

(2) 水面散热通量。蒸发散热及热传导损失的热量用 Rohwer 公式计算：

$$\phi_e+\phi_c=(0.000308+0.000185\omega)\left[L_v+C_wT_s+\frac{269.1\times(T_s-T_a)}{e_s-\psi e_a}\right] \tag{4-19}$$

有效逆辐射通量由 Swinbank 公式计算：

$$\phi_{ra}=0.07k[T'^4_s-0.937\times10^{-5}T'^6_a(1+0.17C_1^2)] \tag{4-20}$$

式中：ω 为风速，m/s；e_a 为气温的饱和蒸汽压，mmHg；e_s 为水温的饱和蒸汽压，mmHg；ψ 为相对湿度，%；L_v 为水的汽化潜热，kcal/kg；T_s 为水面的水温，℃；T_a 为水面的气温，℃；k 为 Stefan Bolzmann 常数；T'_s为水面的水温的绝对温度，K；T'_a为水面的气温绝对温度，K；C_1 为云量（全阴为 10，晴天为 0）。

4.1.4　边界条件

模型在边界条件的处理上，主要有上游、下游、水库表面几个方面。在上游给定流入条件，主要包括流入流量、水温、水质浓度等；在下游给定出流条件，主要是出流的流量和位置；在水库表面则主要考虑水体与大气的热交换过程。

(1) 流动边界条件。

1) 流入端 x 方向流速项：

$$\int_{y_B(x_0)}^{y_s(x_0,t)}M_{in}(t)dy=q_{in};\quad M_{in}(t)=u_{in}(y,t)B(x_0,y) \tag{4-21}$$

2) 放流端放流口 x 方向流速项：

$$\int_{y_L}^{y_u}M_{out}(t)dy=q_{out} \tag{4-22}$$

3) 坝体处 x 方向流速项：

$$u_{out}(y,t)=0 \tag{4-23}$$

4) 水库底面 x 方向流速项：

$$u_B(x,t)=0 \tag{4-24}$$

5）水库底面 y 方向流速项：

$$v_B(x,t)=0 \tag{4-25}$$

6）水库底面扩散与壁面扩散项：

$$A_x\frac{\partial u}{\partial x}\cos(x,n)+A_y\frac{\partial v}{\partial y}\cos(y,n)=0 \tag{4-26}$$

7）自由表面扩散项：

$$\int\left(A_x\frac{\partial u}{\partial x}\cos(x,n)+A_y\frac{\partial v}{\partial y}\cos(y,n)\right)\mathrm{d}s=0 \tag{4-27}$$

8）自由表面压力条件：

$$P_B(x,t)=0 \tag{4-28}$$

9）自由表面几何条件：

$$\cos(x,n)=-\frac{\partial h}{\partial x};\quad \cos(y,n)=1 \tag{4-29}$$

（2）水温边界条件。

1）流入端水温：

$$T(x_0,y,t)=T_{\mathrm{in}} \tag{4-30}$$

2）放流端水温扩散项：

$$K_x\frac{\partial T}{\partial x}\cos(x,n)+K_y\frac{\partial T}{\partial y}\cos(y,n)=0 \tag{4-31}$$

3）水库壁面和底面水温扩散项：

$$K_x\frac{\partial T}{\partial x}\cos(x,n)+K_y\frac{\partial T}{\partial y}\cos(y,n)=0 \tag{4-32}$$

4）自由表面水温条件：

$$K_x\frac{\partial T}{\partial x}\cos(x,n)+K_y\frac{\partial T}{\partial y}\cos(y,n)=\frac{\phi_s}{C_W\rho_0} \tag{4-33}$$

（3）浓度边界条件。

1）流入端浓度：

$$C(x_0,y,t)=C_{\mathrm{in}} \tag{4-34}$$

2）放流端浓度扩散项：

$$D_x\frac{\partial C}{\partial x}\cos(x,n)+D_y\frac{\partial C}{\partial y}\cos(y,n)=0 \tag{4-35}$$

3）水库壁面和底面浓度扩散项：

$$D_x\frac{\partial C}{\partial x}\cos(x,n)+D_y\frac{\partial C}{\partial y}\cos(y,n)=0 \tag{4-36}$$

4）自由表面浓度条件：

$$D_x\frac{\partial C}{\partial x}\cos(x,n)+D_y\frac{\partial C}{\partial y}\cos(y,n)=0 \tag{4-37}$$

4.1.5　数值解法

模型基本方程的处理包括运用 Green - Gauss 定理进行积分变换，再将控制方程积分表达式写成差分表达式，其中时间上使用显示格式，空间上采用 Staggered 差分格式，纵向上采用向前差分，垂向上采用中间差分，如图 4-2 所示。

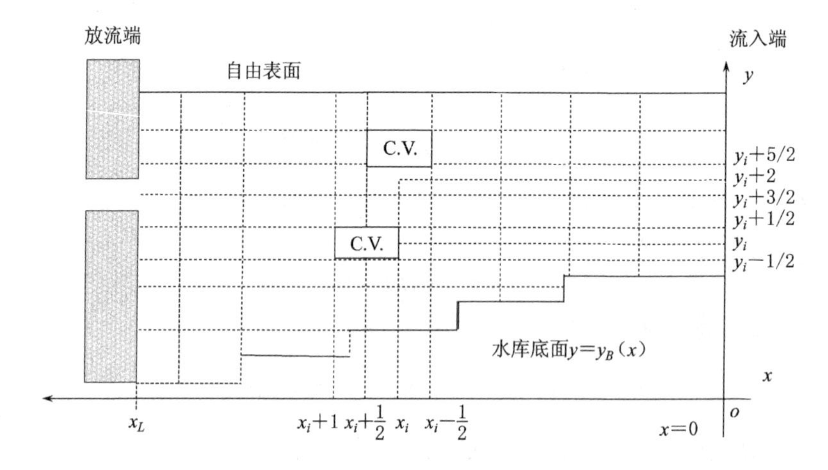

图 4-2　水库垂向二维数学模型差分格式计算示意图

模型计算时间步长 Δt 应满足稳定性条件——Courant - Friedrichs - lwey 条件：

$$\Delta t\leqslant\frac{\Delta x}{|u|+2gh} \tag{4-38}$$

水流和水温方程差分格式方程从略，二维水质计算差分方程的求解如下。

内部控制体和表层控制体各边界方向余弦定义：

$$S_1:\gamma_x=-1,\ \gamma_y=0;\ S_2:\gamma_x=1,\ \gamma_y=0$$

$$S_1:\gamma_x=-1,\ \gamma_y=0;\ S_2:\gamma_x=1,\ \gamma_y=0$$

$$S_3:\gamma_x=0,\ \gamma_y=-1;\ S_4:\gamma_x=0,\ \gamma_y=1$$

$$S_3:\gamma_x=-1,\ \gamma_y=-1;\ S_4:\gamma_x=-\frac{\partial h}{\partial x},\ \gamma_y=1$$

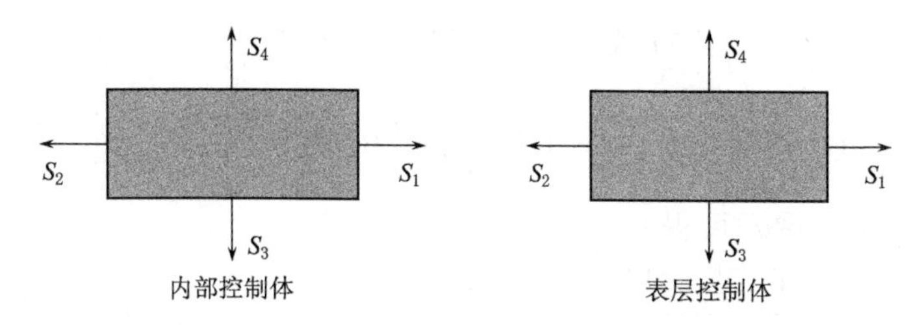

图 4-3 内部控制体与表层控制体表面示意图

(1) 内部控制体方程

对污染物平衡方程进行积分：

$$\int_V \left(\frac{\partial C}{\partial t} + u\frac{\partial C}{\partial x} + v\frac{\partial C}{\partial y}\right) \mathrm{d}V = \int_V \left[\frac{\partial}{\partial x}\left(D_x \frac{\partial C}{\partial x}\right) + \frac{\partial}{\partial y}\left(D_y \frac{\partial C}{\partial y}\right)\right] \mathrm{d}V \tag{4-39}$$

方程左边：

$$\int_V \left(\frac{\partial C}{\partial t} + u\frac{\partial C}{\partial x} + v\frac{\partial C}{\partial y}\right) \mathrm{d}V = \int_V \frac{\partial C}{\partial t}\mathrm{d}V + \int_S (uC\gamma_x + vC\gamma_y)\mathrm{d}S$$

$$= \frac{\partial}{\partial t}\int_V C\mathrm{d}V + \int_{S_2} uC\mathrm{d}S - \int_{S_1} uC\mathrm{d}S + \int_{S_4} vC\mathrm{d}S - \int_{S_3} vC\mathrm{d}S$$

$$= \frac{\partial \overline{C}}{\partial t}V\mid_{x=x_i,y=y_j} + \overline{u}\overline{C}A\mid_{x=x_{i+1},y=y_j} - \overline{u}\overline{C}A\mid_{x=x_i,y=y_j} +$$

$$\overline{v}\overline{C}B\mid_{x=x_{i+1/2},y=y_{j+1/2}} - \overline{v}\overline{C}B\mid_{x=x_{i+1/2},y=y_{j-1/2}}$$

方程右边：

$$\int_V \left[\frac{\partial}{\partial x}\left(D_x \frac{\partial C}{\partial x}\right) + \frac{\partial}{\partial y}\left(D_y \frac{\partial C}{\partial y}\right)\right] \mathrm{d}V$$

$$= \int_S \left[\left(D_x \frac{\partial C}{\partial x}\right)\gamma_x + \left(D_y \frac{\partial C}{\partial y}\right)\gamma_y\right] \mathrm{d}S$$

$$= \int_{S_2} \left(D_x \frac{\partial C}{\partial x}\right)\mathrm{d}S - \int_{S_1} \left(D_x \frac{\partial C}{\partial x}\right)\mathrm{d}S + \int_{S_4} \left(D_y \frac{\partial C}{\partial y}\right)\mathrm{d}S - \int_{S_3} \left(D_y \frac{\partial C}{\partial y}\right)\mathrm{d}S$$

$$= D_x \frac{\partial}{\partial x}\int_{S_2} C\mathrm{d}S - D_x \frac{\partial}{\partial x}\int_{S_1} C\mathrm{d}S + D_y \frac{\partial}{\partial y}\int_{S_4} C\mathrm{d}S - D_y \frac{\partial}{\partial y}\int_{S_3} C\mathrm{d}S$$

$$= D_x \frac{\partial}{\partial x}(\overline{C}A)\mid_{x=x_{i+1},y=y_j} - D_x \frac{\partial}{\partial x}(\overline{C}A)\mid_{x=x_i,y=y_j} +$$

$$D_y \frac{\partial}{\partial y}(\overline{C}B)\mid_{x=x_{i+1/2},y=y_{j+1/2}} - D_y \frac{\partial}{\partial y}(\overline{C}B)\mid_{x=x_{i+1/2},y=y_{j-1/2}}$$

所以，污染物平衡方程可由下面的积分形式表示：

$$\frac{\partial \overline{C}}{\partial t}V|_{x=x_i,y=y_j}+\overline{u}\overline{C}A|_{x=x_i,y=y_j}^{x=x_{i+1},y=y_j}+\overline{v}\overline{C}B|_{x=x_{i+1/2},y=y_{j-1/2}}^{x=x_{i+1/2},y=y_{j+1/2}}$$

$$=D_x\frac{\partial}{\partial x}(\overline{C}A)|_{x=x_i,y=y_j}^{x=x_{i+1},y=y_j}+D_y\frac{\partial}{\partial y}(\overline{C}B)|_{x=x_{i+1/2},y=y_{j-1/2}}^{x=x_{i+1/2},y=y_{j+1/2}} \tag{4-40}$$

对上式进行展开可得

$$\frac{(C_{i+1/2,j}^{n+1/2}-C_{i+1/2,j}^{n-1/2})V_{i+1/2,j}}{\Delta t}+u_{i+1,j}^{n}C_{i+1,j}^{n-1/2}A_{i+1,j}-u_{i,j}^{n}C_{i,j}^{n-1/2}A_{i,j}+$$
$$v_{i+1/2,j+1/2}^{n}C_{i+1/2,j+1/2}^{n-1/2}B_{i+1/2,j+1/2}-v_{i+1/2,j-1/2}^{n}C_{i+1/2,j-1/2}^{n-1/2}B_{i+1/2,j-1/2}$$
$$=D_x\frac{C_{i+1+1/2,j}^{n-1/2}A_{i+1+1/2,j}-C_{i+1/2,j}^{n-1/2}A_{i+1/2,j}}{(x_{i+2}-x_i)/2}-$$
$$D_x\frac{C_{i+1/2,j}^{n-1/2}A_{i+1/2,j}-C_{i-1/2,j}^{n-1/2}A_{i-1/2,j}}{(x_{i+1}-x_{i-1})/2}+$$
$$D_y\frac{C_{i+1/2,j+1}^{n-1/2}B_{i+1/2,j+1}-C_{i+1/2,j}^{n-1/2}B_{i+1/2,j}}{y_{i+1}-y_i}-$$
$$D_y\frac{C_{i+1/2,j}^{n-1/2}B_{i+1/2,j}-C_{i+1/2,j-1}^{n-1/2}B_{i+1/2,j-1}}{y_i-y_{i-1}} \tag{4-41}$$

引入光滑系数 θ（$0\leqslant\theta\leqslant1$）及迎风差分控制参数 a、b、c、d，式（4-41）可写成：

$$\frac{\left\{C_{i+1/2,j}^{n+1/2}-\left[\theta C_{i+1/2,j}^{n-1/2}+\frac{1}{2}(1-\theta)(C_{i+1+1/2,j}^{n-1/2}+C_{i-1/2,j}^{n-1/2})\right]\right\}V_{i+1/2,j}}{\Delta t}+$$
$$u_{i+1,j}^{n}C_{i+1/2+a,j}^{n-1/2}A_{i+1,j}-u_{i,j}^{n}C_{i-1/2+b,j}^{n-1/2}A_{i,j}+$$
$$v_{i+1/2,j+1/2}^{n}C_{i+1/2,j+c}^{n-1/2}B_{i+1/2,j+1/2}-v_{i+1/2,j-1/2}^{n}C_{i+1/2,j-1+d}^{n-1/2}B_{i+1/2,j-1/2}$$
$$=D_x\frac{C_{i+1+1/2,j}^{n-1/2}A_{i+1+1/2,j}-C_{i+1/2,j}^{n-1/2}A_{i+1/2,j}}{(x_{i+2}-x_i)/2}-$$
$$D_x\frac{C_{i+1/2,j}^{n-1/2}A_{i+1/2,j}-C_{i-1/2,j}^{n-1/2}A_{i-1/2,j}}{(x_{i+1}-x_{i-1})/2}+$$
$$D_y\frac{C_{i+1/2,j+1}^{n-1/2}B_{i+1/2,j+1}-C_{i+1/2,j}^{n-1/2}B_{i+1/2,j}}{y_{i+1}-y_i}-$$
$$D_y\frac{C_{i+1/2,j}^{n-1/2}B_{i+1/2,j}-C_{i+1/2,j-1}^{n-1/2}B_{i+1/2,j-1}}{y_i-y_{i-1}} \tag{4-42}$$

这里有

$$u_{i+1,j}^{n}\geqslant0\Rightarrow a=0;u_{i+1,j}^{n}<0\Rightarrow a=1$$
$$u_{i,j}^{n}\geqslant0\Rightarrow b=0;u_{i,j}^{n}<0\Rightarrow b=1$$

$$v^n_{i+1/2,j+1/2} \geqslant 0 \Rightarrow c=0; v^n_{i+1/2,j+1/2} < 0 \Rightarrow c=1$$

$$v^n_{i+1/2,j-1/2} \geqslant 0 \Rightarrow d=0; v^n_{i+1/2,j-1/2} < 0 \Rightarrow d=1$$

$$\begin{aligned} C^{n+1/2}_{i+1/2,j} =& \theta C^{n-1/2}_{i+1/2,j} + \frac{1}{2}(1-\theta)(C^{n-1/2}_{i+1+1/2,j} + C^{n-1/2}_{i-1/2,j}) + \frac{\Delta t}{V_{i+1/2,j}}(-u^n_{i+1,j} \times \\ & C^{n-1/2}_{i+1/2+a,j} A_{i+1,j} + u^n_{i,j} C^{n-1/2}_{i-1/2+b,j} A_{i,j}) + \frac{\Delta t}{V_{i+1/2,j}}(-v^n_{i+1/2,j+1/2} \times \\ & C^{n-1/2}_{i+1/2,j+c} B_{i+1/2,j+1/2} + v^n_{i+1/2,j-1/2} C^{n-1/2}_{i+1/2,j-1+d} B_{i+1/2,j-1/2}) + \\ & \frac{\Delta t}{V_{i+1/2,j}} \left(D_x \frac{C^{n-1/2}_{i+1+1/2,j} A_{i+1+1/2,j} - C^{n-1/2}_{i+1/2,j} A_{i+1/2,j}}{(x_{i+2}-x_i)/2} - \right. \\ & \left. D_x \frac{C^{n-1/2}_{i+1/2,j} A_{i+1/2,j} - C^{n-1/2}_{i-1/2,j} A_{i-1/2,j}}{(x_{i+1}-x_{i-1})/2} \right) + \\ & \frac{\Delta t}{V_{i+1/2,j}} \left(D_y \frac{C^{n-1/2}_{i+1/2,j+1} B_{i+1/2,j+1} - C^{n-1/2}_{i+1/2,j} B_{i+1/2,j}}{y_{i+1}-y_i} - \right. \\ & \left. D_y \frac{C^{n-1/2}_{i+1/2,j} B_{i+1/2,j} - C^{n-1/2}_{i+1/2,j-1} B_{i+1/2,j-1}}{y_i - y_{i-1}} \right) \end{aligned}$$

$$\forall_i = 0,1,2,\cdots,I-1; \forall_j = j_B(i), j_B(i)+1, j_B(i)+2, \cdots, j_s - 1 \qquad (4-43)$$

边界条件

S_1：流入端（$i=0$）

$$u^n_{i,j} C^{n-1/2}_{i-1/2+b,j} A_{i,j} = u^n_{in,j} C^{n-1/2}_{in} A_{0,j}$$

$$K_x = \frac{C^{n-1/2}_{1/2,j} A_{1/2,j} - C^{n-1/2}_{in} A_{0,j}}{(x_1 - x_0)/2} = K_x \frac{C^{n-1/2}_{i+1/2,j} A_{i+1/2,j} - C^{n-1/2}_{i-1/2,j} A_{i-1/2,j}}{(x_{i+1}-x_{i-1})/2}$$

S1：底面（侧面）[$i=i_B(j)$]

$$\theta u^n_{i,j} C^{n-1/2}_{i-1/2+b,j} A_{i,j} = 0$$

$$v^n_{i+1/2,j_B(i)-1/2} = 0$$

$$K_x \frac{C^{n-1/2}_{i+1/2,j} A_{i+1/2,j} - C^{n-1/2}_{i-1/2,j} A_{i-1/2,j}}{(x_{i+1}-x_{i-1})/2} = 0$$

S_2：坝体边界（$i=I-1$）

$$\theta u^n_{i+1,j} C^{n-1/2}_{i+1/2+a,j} A_{i+1,j} = 0$$

$$K_x \frac{C^{n-1/2}_{i+1+1/2,j} A_{i+1+1/2,j} - C^{n-1/2}_{i+1/2,j} A_{i+1/2,j}}{(x_{i+2}-x_i)/2} = 0$$

S2：放水口（$i=I-1$）

$$\theta u^n_{i+1,j} C^{n-1/2}_{i+1/2+a,j} A_{i+1,j} = u^n_{out,j} C^{n-1/2}_{i-1/2,j} A_{i,j}$$

$$K_x \frac{C^{n-1/2}_{i+1+1/2,j}A_{i+1+1/2,j}-C^{n-1/2}_{i+1/2,j}A_{i+1/2,j}}{(x_{i+2}-x_i)/2}=0$$

S_3：底面 $[j=j_B(i)]$

$$v^n_{i+1/2,j-1/2}C^{n-1/2}_{i+1/2,j-1+d}B_{i+1/2,j-1/2}=0$$

$$K_y \frac{C^{n-1/2}_{i+1/2,j}B_{i+1/2,j}-C^{n-1/2}_{i+1/2,j-1}B_{i+1/2,j-1}}{y_i-y_{i-1}}=0$$

(2) 表层控制体方程

对污染物平衡方程进行积分：

$$\int_V\left(\frac{\partial C}{\partial t}+u\frac{\partial C}{\partial x}+v\frac{\partial C}{\partial y}\right)\mathrm{d}V=\int_V\left[\frac{\partial}{\partial x}\left(D_x\frac{\partial C}{\partial x}\right)+\frac{\partial}{\partial y}\left(D_y\frac{\partial C}{\partial y}\right)\right]\mathrm{d}V \quad (4-44)$$

方程左边：

$$\int_{V_s}\left(\frac{\partial C}{\partial t}+u\frac{\partial C}{\partial x}+v\frac{\partial C}{\partial y}\right)\mathrm{d}V$$

$$=\int_{V_s}\frac{\partial C}{\partial t}\mathrm{d}V+\int_S(uC\gamma_x+vC\gamma_y)\mathrm{d}S$$

$$=\frac{\partial}{\partial t}\int_{V_s}C\mathrm{d}V+\int_{S_2}u_sC_s\mathrm{d}S-\int_{S_1}u_sC_s\mathrm{d}S+\int_{S_s}\left(C_sv_s-C_su_s\frac{\partial h}{\partial x}\right)\mathrm{d}S-\int_{S_3}vC\mathrm{d}S$$

代入自由表面条件 $v_s=\frac{\partial h}{\partial t}+u_s\frac{\partial h}{\partial x}$后，有

$$\int_V\left(\frac{\partial C}{\partial t}+u\frac{\partial C}{\partial x}+v\frac{\partial C}{\partial y}\right)\mathrm{d}V$$

$$=\frac{\partial}{\partial t}\int_{V_s}C_s\mathrm{d}V+\int_{S_2}u_sC_s\mathrm{d}S-\int_{S_1}u_sC_s\mathrm{d}S-\int_{S_3}vC\mathrm{d}S$$

$$=\frac{\partial}{\partial t}(\overline{C}_sV_s)\,|_{x=x_{i+1/2}}+\overline{u}_s\overline{C}_sA_s\,|_{x=x_{i+1}}-\overline{u}_s\overline{C}_sA_s\,|_{x=x_i}-\overline{Cv}B\,|_{x=x_{i+1/2},y=y_{js-1/2}}$$

方程右边：

$$\int_{V_s}\left[\frac{\partial}{\partial x}\left(D_x\frac{\partial C}{\partial x}\right)+\frac{\partial}{\partial y}\left(D_y\frac{\partial C}{\partial y}\right)\right]\mathrm{d}V$$

$$=\int_{S_s}\left[\left(D_x\frac{\partial C}{\partial x}\right)\gamma_x+\left(D_y\frac{\partial C}{\partial y}\right)\gamma_y\right]\mathrm{d}S$$

$$=\int_{S_2}\left(D_x\frac{\partial C}{\partial x}\right)\mathrm{d}S-\int_{S_1}\left(D_x\frac{\partial C}{\partial x}\right)\mathrm{d}S+\int_{S_s}\left[\left(D_x\frac{\partial C}{\partial x}\right)\gamma_x+\left(D_y\frac{\partial C}{\partial y}\right)\gamma_y\right]\mathrm{d}S-$$
$$\int_{S_3}\left(D_y\frac{\partial C}{\partial y}\right)\mathrm{d}S$$

代入自由表面条件 $\int_{S_s}\left[\left(D_x\frac{\partial C}{\partial x}\right)\gamma_x+\left(D_y\frac{\partial C}{\partial y}\right)\gamma_y\right]\mathrm{d}S=0$ 后，有

$$\int_{V_s}\left[\frac{\partial}{\partial x}\left(D_x\frac{\partial C}{\partial x}\right)+\frac{\partial}{\partial y}\left(D_y\frac{\partial C}{\partial y}\right)\right]\mathrm{d}V$$

$$=\int_{S_2}\left(D_x\frac{\partial C}{\partial x}\right)\mathrm{d}S-\int_{S_1}\left(D_x\frac{\partial C}{\partial x}\right)\mathrm{d}S-\int_{S_3}\left(D_y\frac{\partial C}{\partial y}\right)\mathrm{d}S$$

$$=D_x\frac{\partial}{\partial x}(\overline{C}_sA_s)\mid_{x=x_{i+1}}-D_x\frac{\partial}{\partial x}(\overline{C}_sA_s)\mid_{x=x_i}-D_y\frac{\partial}{\partial y}(\overline{C}B)\mid_{x=x_{i+1/2},y=y_{js-1/2}}$$

所以，污染物平衡方程可由下面的积分形式表示：

$$\frac{\partial}{\partial t}(\overline{C}_sV_s)\mid_{x=x_{i+1/2}}+\overline{u}_s\overline{C}_sA_s\mid_{x=x_i}^{x=x_{i+1}}-\overline{Cv}B\mid_{x=x_{i+1/2},y=y_{js-1/2}}$$

$$=D_x\frac{\partial}{\partial x}(\overline{C}_sA_s)\mid_{x=x_i}^{x=x_{i+1}}-D_y\frac{\partial}{\partial y}(\overline{C}B)\mid_{x=x_{i+1/2},y=y_{js-1/2}}\tag{4-45}$$

对上式进行展开，可得

$$\frac{C_{s_i+1/2}^{n+1/2}V_{s_i+1/2}^{n+1/2}-C_{s_i+1/2}^{n-1/2}V_{s_i+1/2}^{n-1/2}}{\Delta t}+u_{si+1}^nC_{si+1}^{n-1/2}A_{si+1}^{n-1/2}-u_{si}^nC_{si}^{n-1/2}A_{si}^{n-1/2}-$$

$$v_{i+1/2,j_s-1/2}^nC_{i+1/2,j_s-1/2}^{n-1/2}B_{i+1/2,j-1/2}=D_x\frac{C_{s_i+1+1/2}^{n-1/2}A_{s_i+1+1/2}^{n-1/2}-C_{s_i+1/2}^{n-1/2}A_{s_i+1/2}^{n-1/2}}{(x_{i+2}-x_i)/2}-$$

$$D_x\frac{C_{s_i+1/2}^{n-1/2}A_{s_i+1/2}^{n-1/2}-C_{s_i-1/2}^{n-1/2}A_{s_i-1/2}^{n-1/2}}{(x_{i+1}-x_{i-1})/2}-D_y\frac{C_{s_i+1/2,j_s}^{n-1/2}B_{i+1/2,j_s}-C_{i+1/2,j_s-1}^{n-1/2}B_{i+1/2,j_s-1}}{y_{j_s}-y_{j_s-1}}\tag{4-46}$$

引入光滑系数 θ（$0\leqslant\theta\leqslant1$）及迎风差分控制参数 a、b、c、d，式（4-46）可写成：

$$\frac{C_{s_i+1/2}^{n+1/2}V_{s_i+1/2}^{n+1/2}-\left[\theta C_{s_i+1/2}^{n-1/2}V_{s_i+1/2}^{n-1/2}+\frac{1}{2}(1-\theta)(C_{s_i+1+1/2}^{n-1/2}V_{s_i+1+1/2}^{n-1/2}+C_{s_i-1/2}^{n-1/2}V_{s_i-1/2}^{n-1/2})\right]}{\Delta t}+$$

$$u_{si+1}^nC_{s_i+1/2+a}^{n-1/2}A_{si+1}^{n-1/2}-u_{si}^nC_{s_i-1/2+b}^{n-1/2}A_{si}^{n-1/2}-v_{i+1/2,j_s-1/2}^nC_{i+1/2,j_s-1+d}^{n-1/2}B_{i+1/2,j-1/2}$$

$$=D_x\frac{C_{s_i+1+1/2}^{n-1/2}A_{s_i+1+1/2}^{n-1/2}-C_{s_i+1/2}^{n-1/2}A_{s_i+1/2}^{n-1/2}}{(s_{i+2}-x_i)/2}-D_x\frac{C_{s_i+1/2}^{n-1/2}A_{s_i+1/2}^{n-1/2}-C_{s_i-1/2}^{n-1/2}A_{s_i-1/2}^{n-1/2}}{(x_{i+1}-x_{i-1})/2}-$$

$$D_y\frac{C_{s_i+1/2,j_s}^{n-1/2}B_{i+1/2,j_s}-C_{i+1/2,j_s-1}^{n-1/2}B_{i+1/2,j_s-1}}{y_{j_s}-y_{j_s-1}}\tag{4-47}$$

这里有

$$u_{si+1}^n\geqslant0\Rightarrow a=0;u_{si+1}^n<0\Rightarrow a=1$$

$$u_{si}^n\geqslant0\Rightarrow b=0;u_{si}^n<0\Rightarrow b=1$$

$$v^{n}_{i+1/2,j_s-1/2} \geqslant 0 \Rightarrow d=0; v^{n}_{i+1/2,j_s-1/2} < 0 \Rightarrow d=1$$

$$C^{n+1/2}_{s_i+1/2} = \frac{\theta C^{n-1/2}_{s_i+1/2} V^{n-1/2}_{s_i+1/2} + \frac{1}{2}(1-\theta)(C^{n-1/2}_{s_i+1+1/2} V^{n-1/2}_{s_i+1+1/2} + C^{n-1/2}_{s_i-1/2} V^{n-1/2}_{s_i-1/2})}{V^{n+1/2}_{s_j+1/2}} -$$

$$\frac{\Delta t}{V^{n+1/2}_{s_i+1/2}}(u^{n}_{si+1} C^{n-1/2}_{s_i+1/2+a} A^{n-1/2}_{si+1} - u^{n}_{si} C^{n-1/2}_{s_i-1/2+b}) A^{n-1/2}_{si} -$$

$$v^{n}_{i+1/2,j_s-1/2} C^{n-1/2}_{i+1/2,j_s-1+d} B_{i+1/2,j-1/2}) +$$

$$\frac{\Delta t}{V^{n+1/2}_{s_i+1/2}} \left[D_x \frac{C^{n-1/2}_{s_i+1+1/2} A^{n-1/2}_{s_i+1+1/2} - C^{n-1/2}_{s_i+1/2} A^{n-1/2}_{s_i+1/2}}{(x_{i+1}-x_i)/2} - \right.$$

$$D_x \frac{C^{n-1/2}_{s_i+1/2} A^{n-1/2}_{s_i+1/2} - C^{n-1/2}_{s_i+1/2} A^{n-1/2}_{s_i-1/2}}{(x_{i+1}-x_{i-1})/2} -$$

$$\left. D_y \frac{C^{n-1/2}_{s_i+1/2,j_s} B_{i+1/2,j_s} - C^{n-1/2}_{i+1/2,j_s-1} B_{i+1/2,j_s-1}}{y_{j_s} - y_{j_s-1}} \right]$$

$$\forall_i = 0,1,2,\cdots,I-1 \tag{4-48}$$

边界条件

S1：流入端（$i=0$）

$$\theta u^{n}_{si} C^{n-1/2}_{s_i-1/2+b} A^{n-1/2}_{si} = (u_s)^{n}_{m} C^{n-1/2}_{m} A^{n-1/2}_{s0}$$

$$K_x \frac{C^{n-1/2}_{s_i+1/2} A^{n-1/2}_{s_i+1/2} - C^{n-1/2}_{s_i-1/2} A^{n-1/2}_{s_i-1/2}}{(x_{i+1}-x_{i-1})/2} = K_x \frac{C^{n-1/2}_{s1/2} A^{n-1/2}_{s1/2} - C^{n-1/2}_{sin} A^{n-1/2}_{s0}}{(x_1-x_0)/2}$$

S2：坝体边界（$i=I-1$）

$$\theta u^{n}_{si+1} C^{n-1/2}_{s_i+1/2+a} A^{n-1/2}_{si+1} = 0$$

$$K_x \frac{C^{n-1/2}_{s_i+1+1/2} A^{n-1/2}_{s_i+1+1/2} - C^{n-1/2}_{s_i+1/2} A^{n-1/2}_{s_i+1/2}}{(x_{i+2}-x_i)/2} = 0$$

4.2　河道深型水库二维数值模型

4.2.1　总体框架

河道深型水库二维模型主要包括数据输入与检查模块、流场计算模块、水温及水质浓度计算模块以及输出模块四大部分，由 23 个子模块组成，模型计算流程如图 4-4 所示。读入数据主要包括地形数据、气象数据、流量数据、初始条件、负荷数据和入流条件等 6 项输入条件，另外模

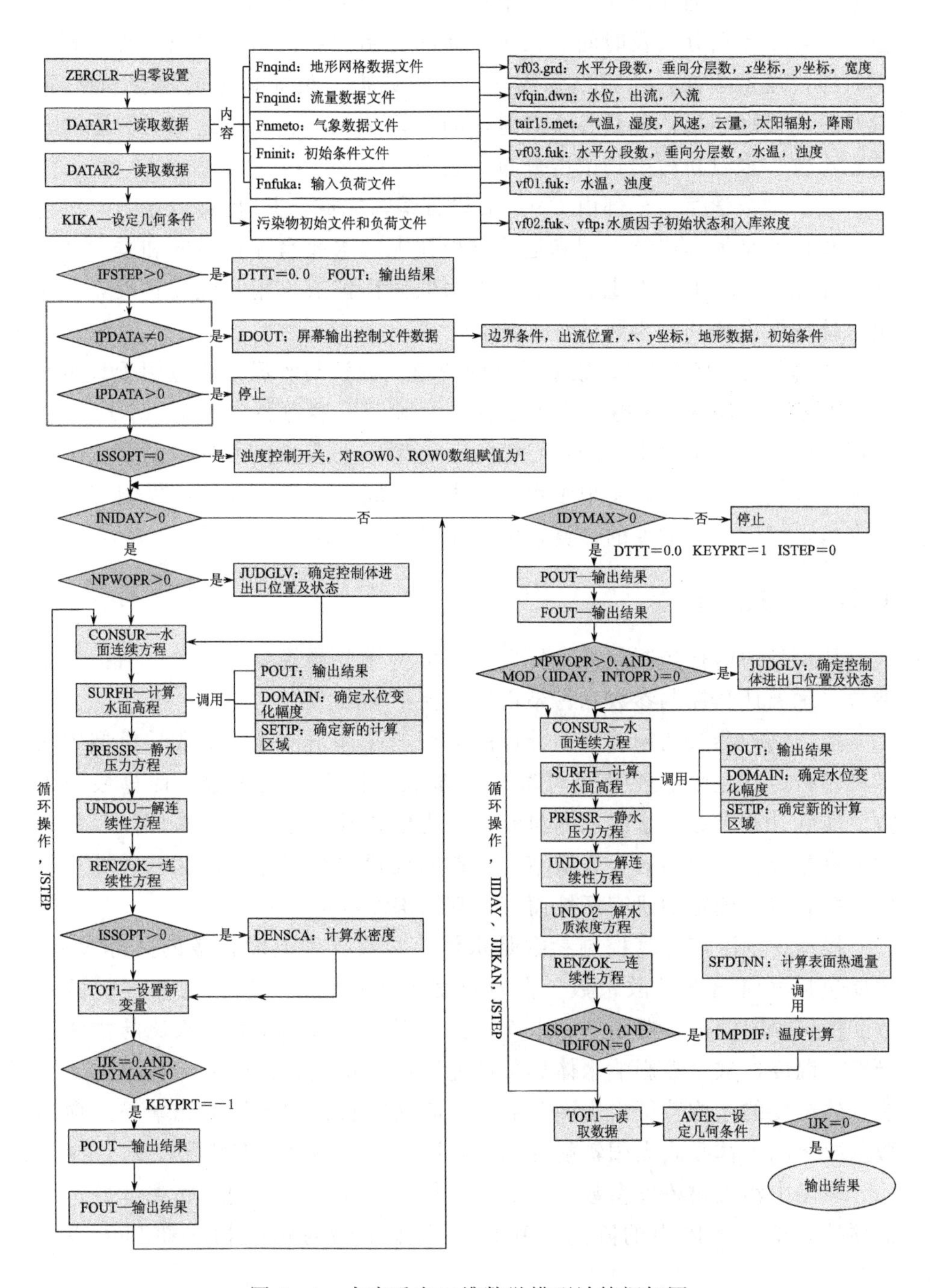

图4-4 水库垂向二维数学模型计算框架图

型还需要一个总的控制文件，包括模型方程参数、水库特征参数、初始水位、计算单元划分以及时间步长等方面的控制信息。结果输出文件包括计算时段内流量数据、计算单元数据、气象数据、负荷数据的检验和整理，以及最终模型结果，包括各小时时段的计算单元格、相应的水平和垂向流速、水位、水温和污染物浓度分布等数据。

该二维数学模型全部由 Fortran 语言编写完成，共计 6200 余行，其主要思想依旧是根据连续方程和运动方程先求解水库水体在纵向和垂向的流场，在此基础上根据考虑热量、污染物的输移扩散作用和收支情况，再求出水体的温度场和污染物的浓度场。

高忠信等[77]将该二维数学模型的流速、泥沙与水温模块应用于日本宫崎县的绫北水库水温、浊度分布的模拟，验证了模型的合理性，李玮[78]将该模型应用于潘家口水库的水温模拟，结果令人满意。本章在原有基础上添加了水质计算模块，实现了水温与水质的同步计算，并把该模型应用于潘家口水库营养盐浓度的计算，为水库富营养化控制提供技术支持。

4.2.2 模型参数

从模型的运行控制和计算目标角度可将模型参数分为三类：结构控制参数、水温计算控制参数和污染物计算控制参数。

模型结构参数控制着模型计算的流程、计算条件等，是数学模型中的基础参数，其主要包括模型计算时间步长、计算最大天数、计算最小天数、实际计算天数、水库入库河流、出流位置及状态、初始水位以及部分物理参数等。一般而言，模型结构参数的设置和范围与应用区域和计算目的有关，对于确定的研究区域而言，其结构参数也是固定的。

模型中的温度计算控制参数是水体热量收支和温度扩散的关键参数，主要包括垂向温度扩散系数、纵向温度扩散系数、深层垂向温度扩散系数、深层纵向温度扩散系数、水库表面反射率、水库表面吸收比与水体透光率。温度扩散系数影响水体热量传递速度的快慢，在模型计算中主要影响水体温度的结构特征；表面反射率、表面吸收比和水体透光率等三项参数主要影响水体吸收太阳辐射的能力，影响水体热量收支状况。

模型中污染物浓度参数主要反映水体的对流扩散作用，底泥释放、源汇项的影响，水体中的降解作用以及水生生物对污染物消耗和传递作用等。

4.2.3　输入文件

模型可以通过修改控制文件的参数来灵活地调整模型的计算步长、水库运行方式以及水温、水质扩散系数等信息，其输入数据主要来自8个文件，除控制文件外，其他输入文件的数据单位汇总见表4-1。数据文件中表头、数据排列顺序及控制文件参数说明等信息见表4-2。

表4-1　　输入数据单位汇总

<table>
<tr><th>文件</th><th>输入值</th><th>单位</th><th>文件</th><th>输入值</th><th>单位</th></tr>
<tr><td rowspan="3">水文文件</td><td>入流</td><td>m^3/s</td><td rowspan="7">气象文件</td><td>气温</td><td>℃</td></tr>
<tr><td>出流</td><td>m^3/s</td><td>湿度</td><td>%</td></tr>
<tr><td>水位</td><td>m</td><td>风速</td><td>m/s</td></tr>
<tr><td rowspan="2">负荷文件</td><td>水温</td><td>℃</td><td>云量</td><td>无量纲</td></tr>
<tr><td>泥沙</td><td>ppm</td><td>辐射（日数据）</td><td>$MJ/m^2/d$</td></tr>
<tr><td>地形文件</td><td>所有值</td><td>m</td><td>辐射（时数据）</td><td>$MJ/m^2/h$</td></tr>
<tr><td rowspan="2">初始文件</td><td>水温</td><td>℃</td><td>降雨</td><td>mm</td></tr>
<tr><td>浊度</td><td>ppm</td><td>初始本底</td><td>浓度</td><td>mg/L</td></tr>
<tr><td>污染负荷</td><td>浓度</td><td>mg/L</td><td></td><td></td><td></td></tr>
</table>

表4-2　　输入文件表头及控制文件说明

文　件	说　　明
水文文件	表头：计算小时数，水位，出流，入流
地形文件	表头：算例名称，水平向计算长度，垂向计算高度 正文：单元格标识（a，b），单元格坐标（x，y，B）
初始文件	表头：算例名称，水平向计算长度，垂向计算高度 正文：单元格标识（a，b），初始水温，初始浊度
气象文件	表头：负值表示小时数据，正值表示日数据 正文：气温，湿度，风速，云量，太阳辐射，降雨
入流文件	表头：计算小时数 正文：计算时间，入流水温和浊度
控制文件	正文：计算时段信息，输入文件信息，计算网格信息，扩散系数，出流位置信息，辐射系数，初始水位信息
污染负荷	正文：随径流入库的水质因子浓度
初始本底	表头：各水质因子的综合离散系数 正文：初始状态下各控制体水质因子浓度

4.3　模型在潘家口水库的应用

由于野外试验研究主要集中在2011年，并且考虑到该研究的时效性和迫切性，选择2011年的气象、水文数据来开展水库水温、水质模拟和水体富营养控制的关键技术研究。

4.3.1　基础数据

（1）气象数据。除降水资料由潘家口水库水文站监测外，研究所需其他的气象数据均来自中国气象科学数据共享服务网（http：//cdc.cma.gov.cn）的中国地面气候资料日值数据集，由于潘家口水库坝址所在地迁西站不设观测台站，因此部分气象数据选取邻近台站的观测数据。

2011年潘家口水库地区全年降水量为733.0mm，超过多年平均降水量20%左右，降雨主要集中在6—7月，两个月的降水总量占到全年降水量的70%。其中7月降水量最大，为404.7mm，1月和3月降水量为0.0mm。库区最大日降水量发生在7月21日，为73.2mm，潘家口水库库区日降水量统计如图4-5所示。

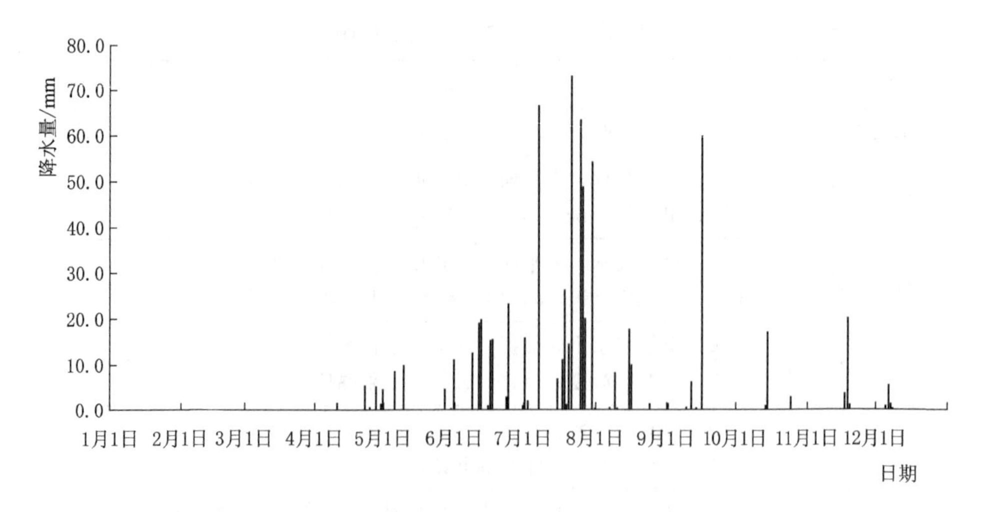

图4-5　潘家口水库库区日降水量统计图

因为缺乏云量的实测资料，只能通过唐山站的日照时数来进行推算，规定全晴天为0，全阴天为10，折算规则为日照时数越长，云量越低。实际计算中考虑季节变化采用不同指标进行计算，其中6—9月为一组，

3—5 月、10 月为一组，11 月至次年 2 月为一组。2011 年唐山气象站日照时数统计如图 4-6 所示，计算云量统计如图 4-7 所示。2011 年的云量计算结果显示全年全阴天天数为 54d，全晴天的天数为 117d。

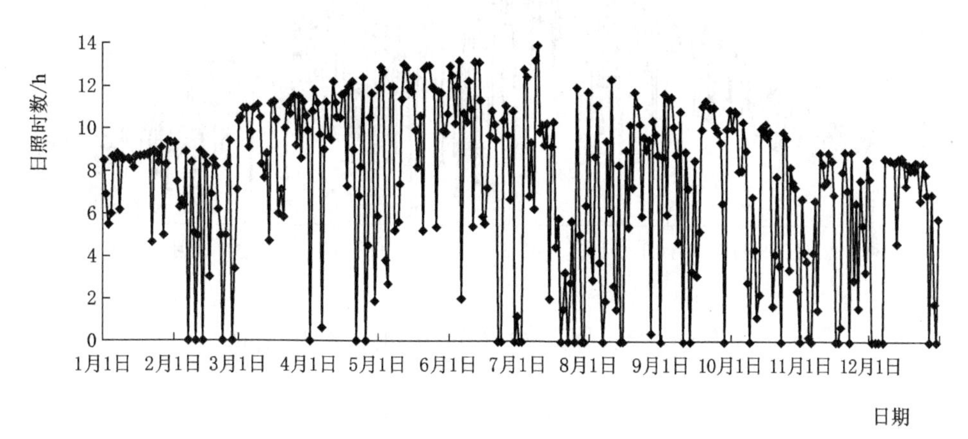

图 4-6 2011 年唐山气象站日照时数统计图

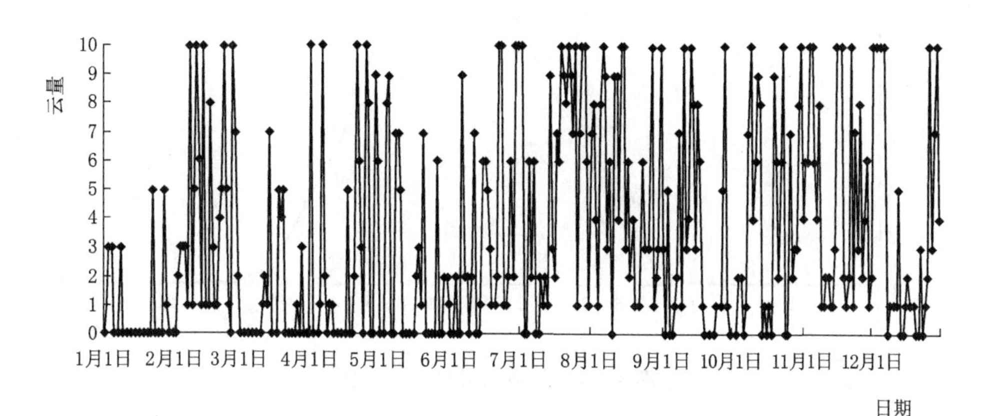

图 4-7 2011 年唐山气象站计算云量统计图

日辐射数据来自国家气象局乐亭站 2011 年日辐射数据，如图 4-8 所示。其中 5 月和 6 月最高，分别为 662.6MJ/m^2 和 559.3MJ/m^2，3—9 月的月辐射总量均在 400MJ/m^2 以上，12 月最低，为 207.6MJ/m^2。日辐射总量中最高值为 6 月 13 日 28.49MJ/m^2。

因模型所需辐射数据为小时过程，在使用实测辐射数据时要根据典型日辐射总量的日内分布来推算研究时间内时辐射数据。选取的典型辐射日辐射总量为 20.8MJ/m^2，如图 4-9 所示，辐射从 7：00 开始，19：00 结束，日内最高辐射量为 3.03MJ/(m^2 · H)。

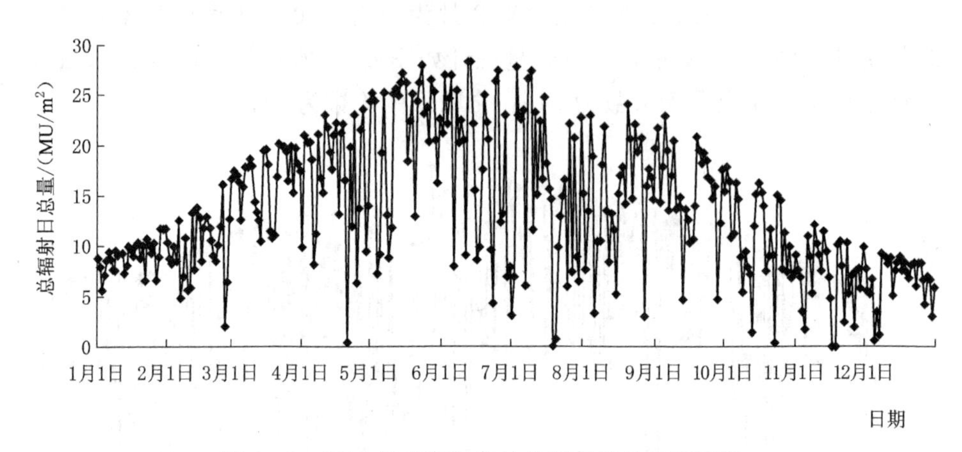

图 4-8 2011 年乐亭气象站总辐射日总量统计图

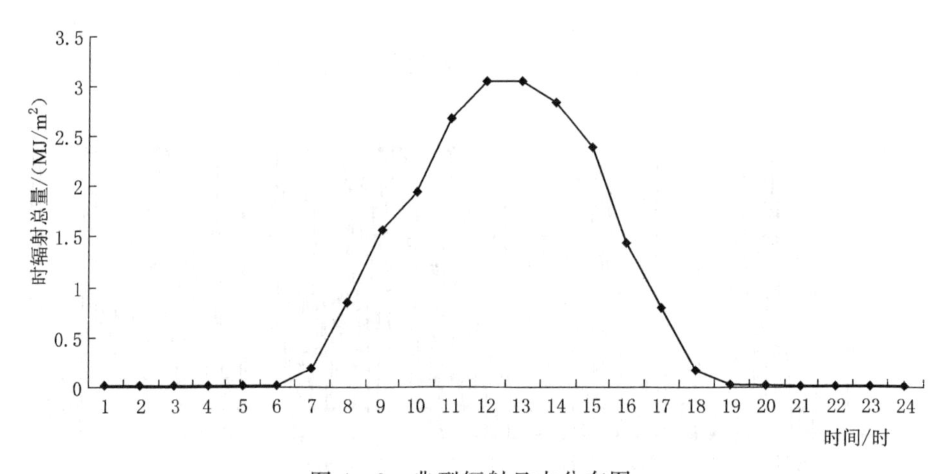

图 4-9 典型辐射日内分布图

图 4-10 为唐山气象站 2011 年统计的日内平均气温、最高气温和最低气温，年内最高实测气温为 6 月 7 日的 35℃，最低实测气温为 1 月 16 日的－19.6℃，年内最高日平均气温为 7 月 24 日的 28.5℃，最低为 1 月 16 日的－12.1℃。图 4-11 为唐山气象站 2011 年风速统计图，日平均风速介于 1～4m/s。图 4-12 为唐山气象站 2011 年相对湿度统计图，最大相对湿度为 12 月 4 日的 100%，最小值为 3 月 24 日的 21%。

(2) 地形数据。2006 年，水库管理部门对潘家口水库进行了主河道的断面测淤，模型中所用到的地形数据主要来自于此，如表 4-3 所示。表中参数均为最大水位时的实测断面，共计 23 个实测断面，距坝址最远达 64km。

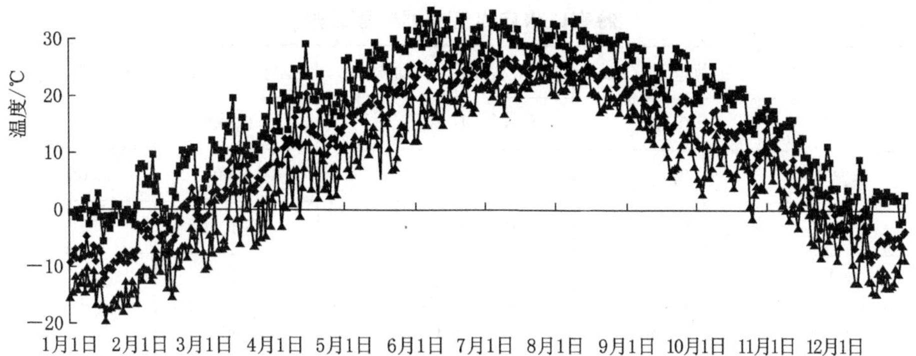

图 4-10 2011 年唐山气象站年内气温统计图

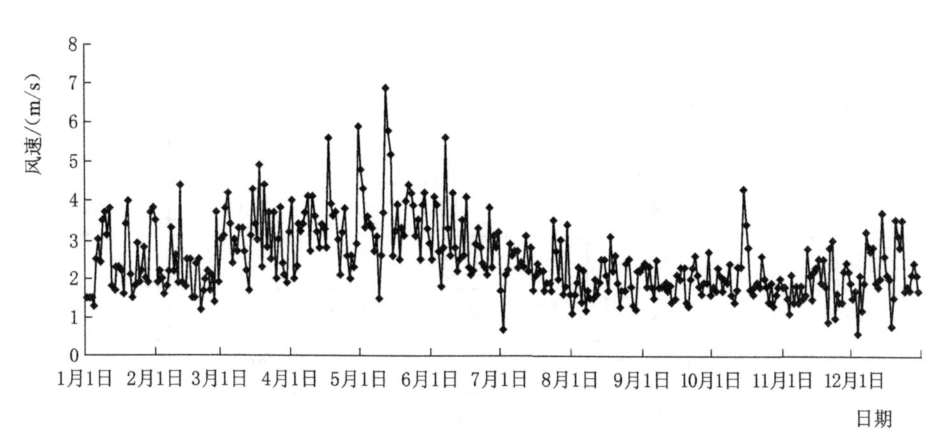

图 4-11 2011 年唐山气象站年内平均风速统计图

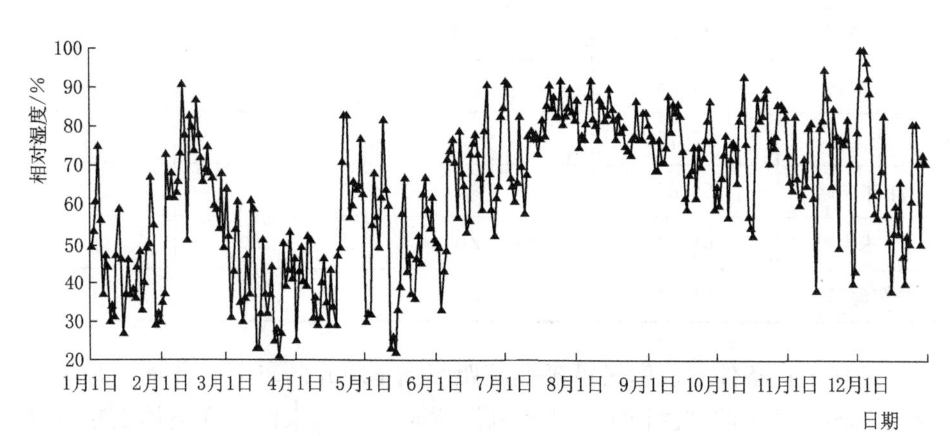

图 4-12 2011 年唐山气象站年内平均相对湿度统计图

表 4-3　　　　潘家口水库库区主要断面地形

主河道断面	距坝里程/km	最大高程下水面宽/m	湖底宽/m	相对水深/m
坝前	0.58	1040	660	69
丰富头	3.07	940	320	69
走马哨	5.37	980	330	66
梁北	8.00	950	360	65
小河口	10.00	740	450	65
兰旗地	12.31	800	600	64
燕子峪	15.36	900	140	60
杨宝山	20.00	835	500	55
贾家庵	26.27	645	500	40
屁股甸子	28.98	510	400	37
郭家庄南	30.48	315	290	35
郭家庄北	31.63	320	255	32
清河口	33.85	1150	970	30
清河塘	36.73	400	300	27
臭水壶	39.42	550	350	22
王宝石	41.88	510	260	21
城墙峪	46.09	465	120	19
黄花川	47.87	600	220	14
下河西	54.25	240	100	15
老李家	57.16	490	100	12
小印子峪	58.88	230	140	9
小芒牛哨	61.32	210	120	8
车河口	64.74	200	60	3

最高水位条件下，库区可延伸至距坝前 64km 的车河口断面，最大水深为 70m，从坝前溯源而上，库底高程逐渐升高，水面宽度整体上也逐渐缩小，但在清河口断面河宽达 1150m 相应湖底宽 970m，最窄水面宽度

200m，位于库尾的车河口断面，相应湖底宽60m。水库纵向地形与水深变化如图4-13所示。模型计算中将地形划分为纵向1km，垂向1m的计算单元，纵向上最多有64个单元格，垂向最多有69个单元格。根据实际地形，确定最终计算单元格总计为2246个，计算区域如图4-14所示。纵向上库底计算单元高程按照寻优法确定，取值按照与其距离最近的实测断面确定。水库横断面概化为梯形，每个计算单元在横向上的宽度按照所在断面位置的表层宽度和库底宽度线性插值得到。

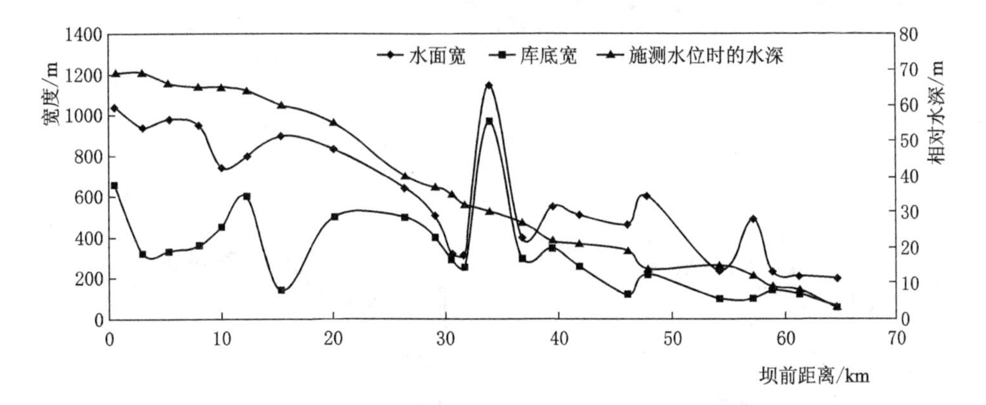

图4-13 水库纵向地形与水深变化

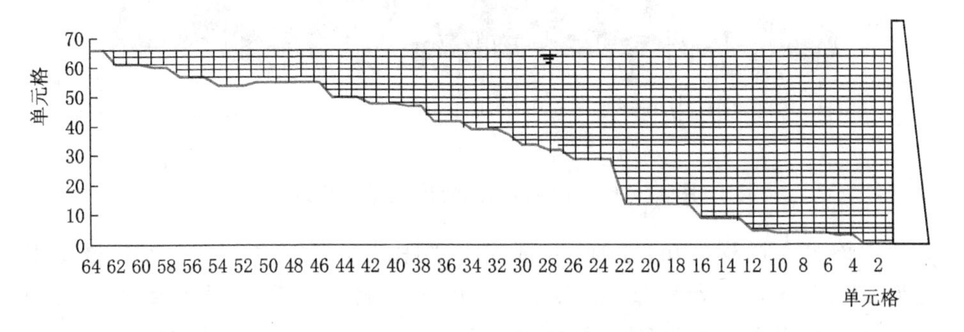

图4-14 垂向二维网格计算示意图

（3）水文数据。计算所需水文数据由潘家口水库管理局提供，坝上水位和坝下水位变化如图4-15所示，入库和出库流量过程如图4-16所示。潘家口水库入流主要来自滦河、瀑河和柳河等三条河流和区间入流，在模型计算中入流流量统一按照一条支流计算，入流位置设为水库库尾端。受潘家口水库抽水蓄能电站的影响，水库出流数据会有负值出现，但是由于其影响范围小、时间短，在模型计算中暂不考虑。

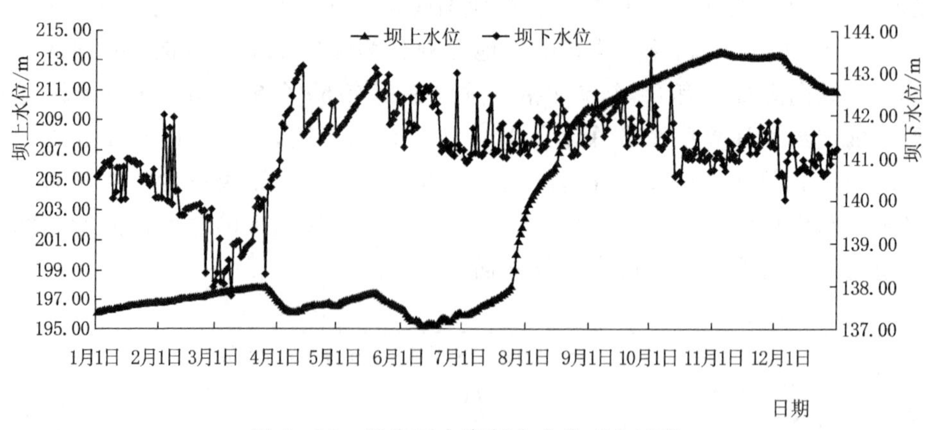

图 4-15　潘家口水库年内水位变化过程

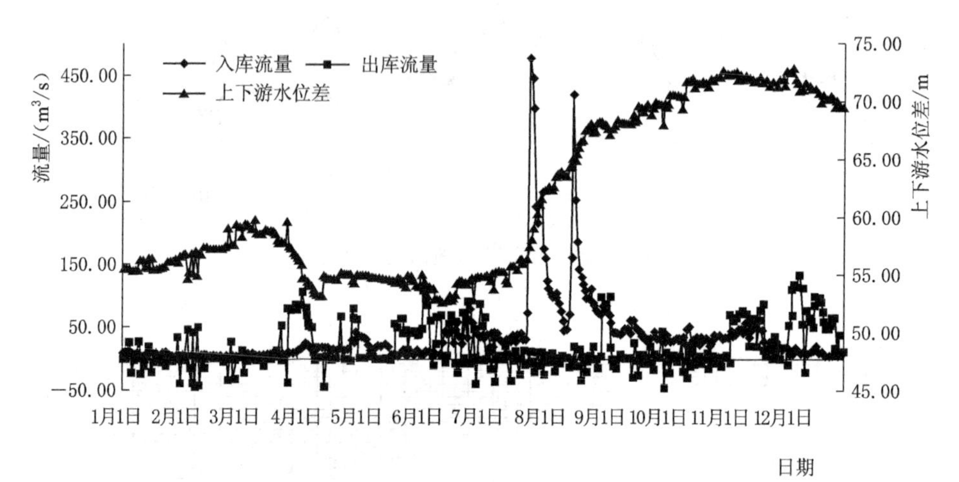

图 4-16　潘家口水库年内流量变化过程

由该水文过程可知，2011 年潘家口水库最高水位达 213.57m，最低水位为 195.18m，两者相差 18.39m。水库在 3 月下旬和 6 月上旬放水量较大，使得水库在汛前保持低水位；7 月下旬到 9 月上旬之间有两次较大的洪峰进入库区，水库水位上涨明显，洪水调蓄作用明显，进入 10 月，水库上下游水位差已经在 70m 以上，坝上水位处于年内最高值；水库抽水蓄能电站发电的高峰期集中在 6—10 月，以应对居民生活和工业生产的用电高峰。

(4) 入流数据。因缺乏 2011 年入流水温实测数据，采用 2011 年气温推算入流河流清河口断面的水温，Mohseni 等[79]曾通过研究得出气温与水温的非线性相关关系，计算公式如下：

$$T_s=\mu+\frac{\alpha-\mu}{1+e^{\gamma(\beta-T_a)}}$$

式中：T_s 为模拟水温；μ 为最低的河流水温；α 为最高河流水温；β 为拐点温度；γ 为函数的最大斜率；介于 0.1～0.2 之间；T_a 表示对应气温值。

李玮[78]曾采用此方法计算了 2010 年水温，并与 2006 年的实测值做了比较，验证了方法的合理性。根据 2006 年水温与气温的关系确定滦河 4 月下旬到 9 月最低河流水温为 7.4℃，最高为 24.6℃，拐点温度为 17℃，最大斜率取为 0.17。2011 年潘家口水库入库径流计算水温过程如图 4－17 所示。由于 2011 年 4—8 月试验期间潘家口水库水位较低，水库上游段可认为是河道系统，入库径流带入污染负荷值采用瀑河口断面的实测数据，总磷和总氮浓度过程如图 4－18 所示。

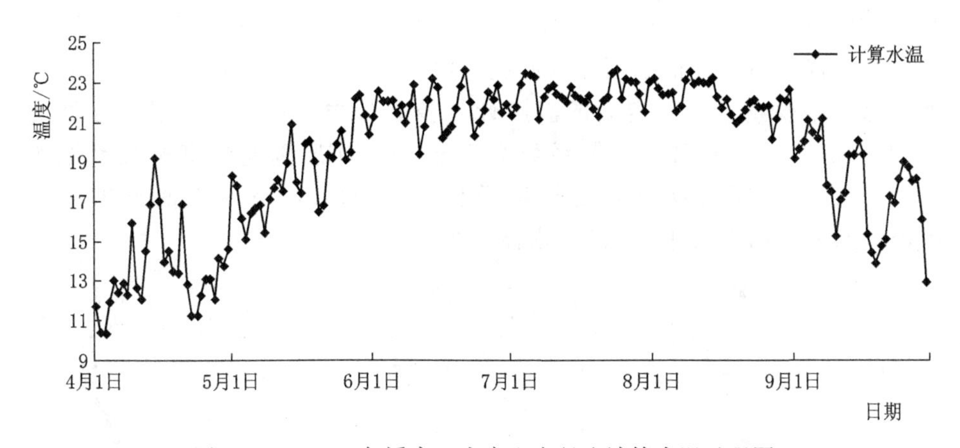

图 4－17 2011 年潘家口水库入库径流计算水温过程图

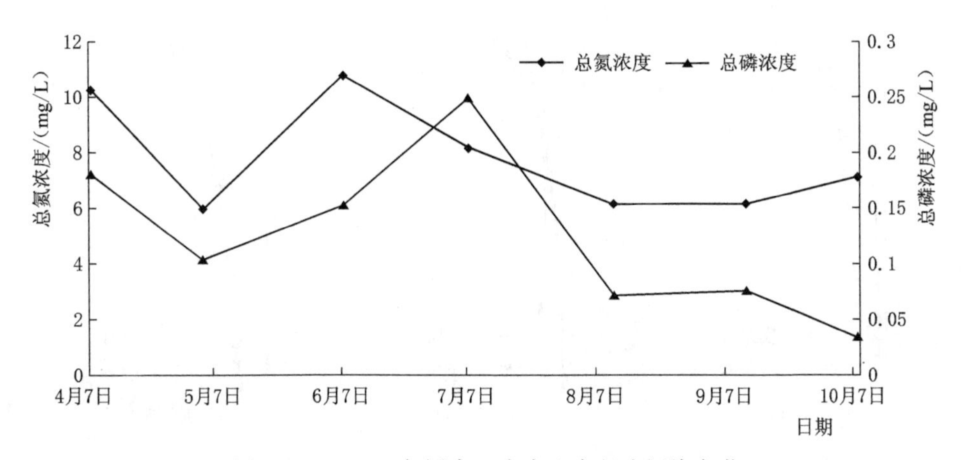

图 4－18 2011 年潘家口水库入库径流污染负荷

4.3.2 水库模拟

模型计算内容为水库水温、总磷和总氮浓度，计算时段为2011年4月20日到8月27日，其中4月20日到6月23日之间为模型率定参数期，6月23日到8月27日为模型验证期。相应的日径流过程、气象条件、污染负荷条件、入流条件以及水库蓄水位日变化过程等如4.3.1节所述，计算的时间步长为9s，结果的输出时间间隔为1h，输出文件主要包括计算单元信息、单元格水平和垂向流速、各单元格水温数值以及各单元格总磷和总氮浓度值。由于温度高低会对水库流场分布产生一定影响，而污染物传递与流速息息相关，因此水温对污染物的传递存在间接性的作用。

（1）水温模拟过程。6月23日燕子峪、潘家口与坝前断面的水温进行模拟和实测对比分析，如图4-19所示，为模型的参数率定期；8月27日燕子峪、潘家口与坝前断面的水温进行模拟和实测对比，如图4-20所示，为模型的校验期。经率定后的温度计算控制参数：垂向温度扩散系数为$5\times10^{-6}m^2/s$，纵向温度扩散系数为$12m^2/s$，深层垂向温度扩散系数为$1\times10^{-7}m^2/s$，深层纵向温度扩散系数为$10m^2/s$，水库表面反射率为0.06，水库表面吸收比为0.5，水体透光率为0.45。

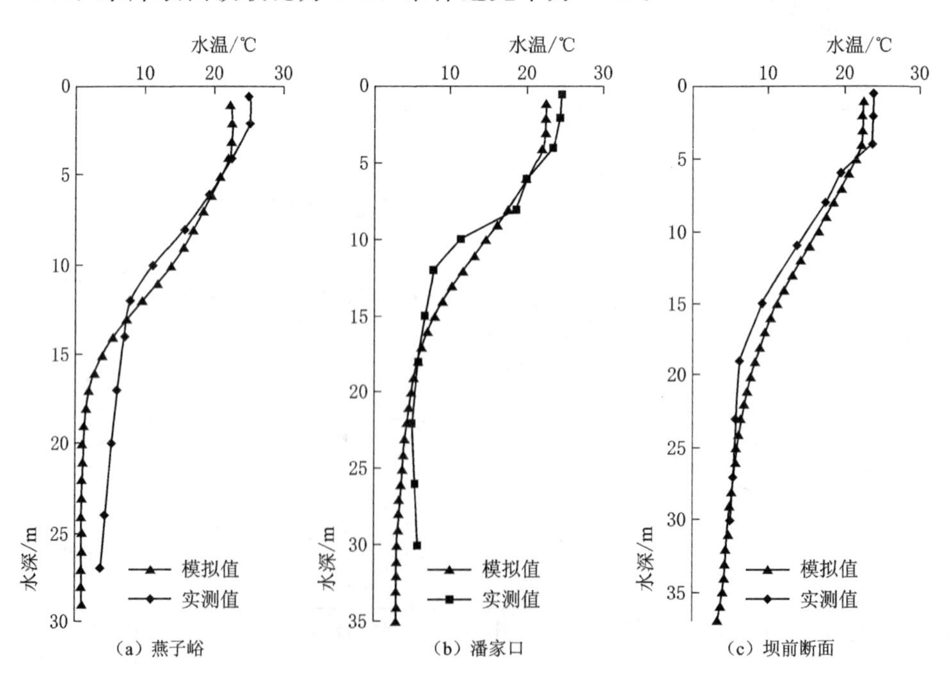

图4-19　参数率定期燕子峪、潘家口与坝前断面水温的模拟与实测垂向分布图

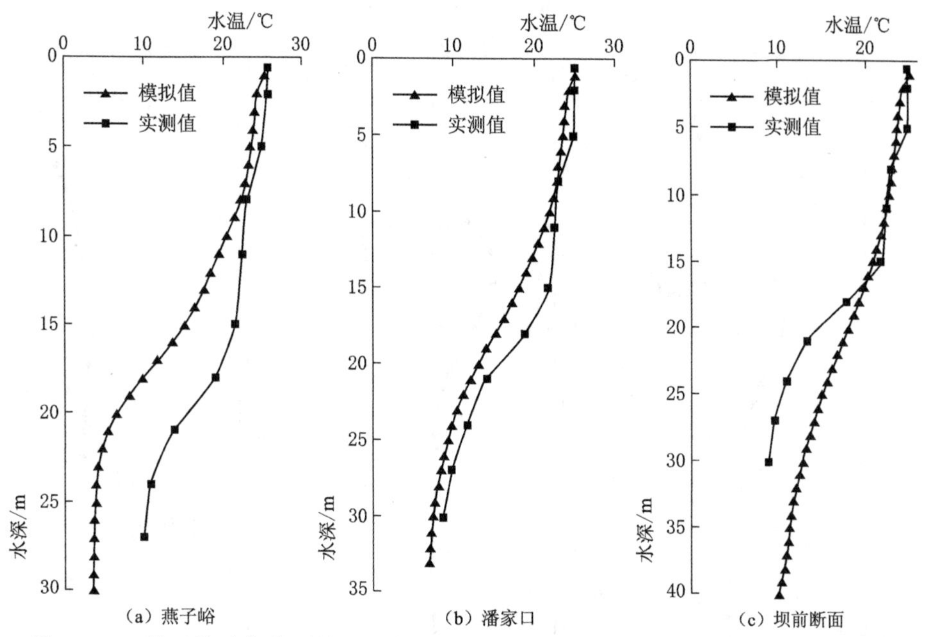

图 4-20 模型校验期燕子峪、潘家口与坝前断面模拟水温与实测水温垂向分布图

(2) 总氮、总磷模拟过程。由于模型的水质模块暂未考虑水面养殖和底泥释放等因素对总氮、总磷浓度的影响，因此其精度还有待进一步提高，几个关键断面水质浓度模拟值与实测值对比如图 4-21～图 4-24 所示。

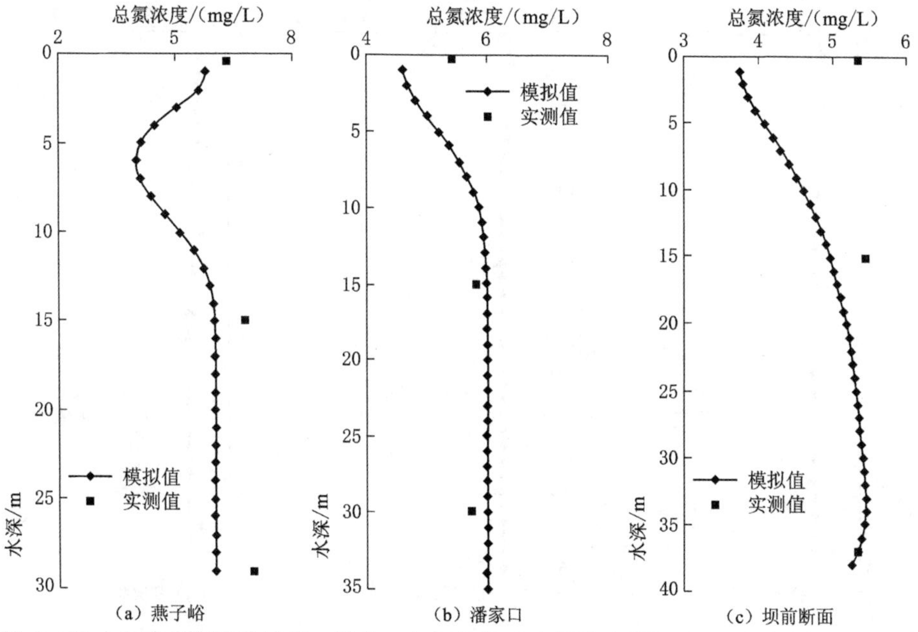

图 4-21 参数率定期燕子峪、潘家口与坝前断面总氮浓度模拟值与实测值垂向分布图

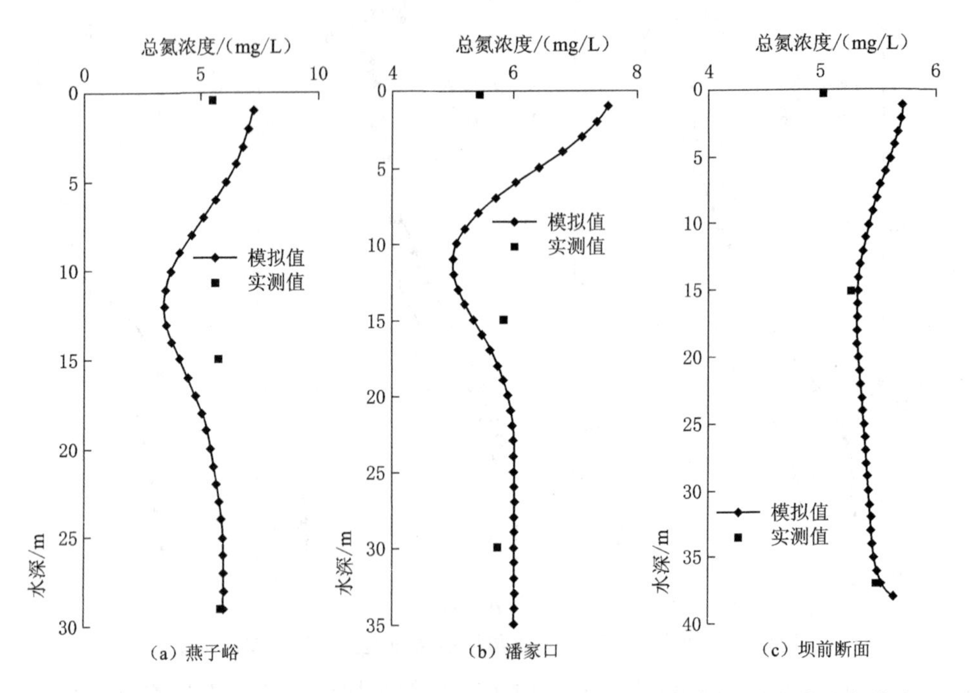

图4-22 模型校验期燕子峪、潘家口与坝前断面模拟总氮浓度与实测浓度垂向分布图

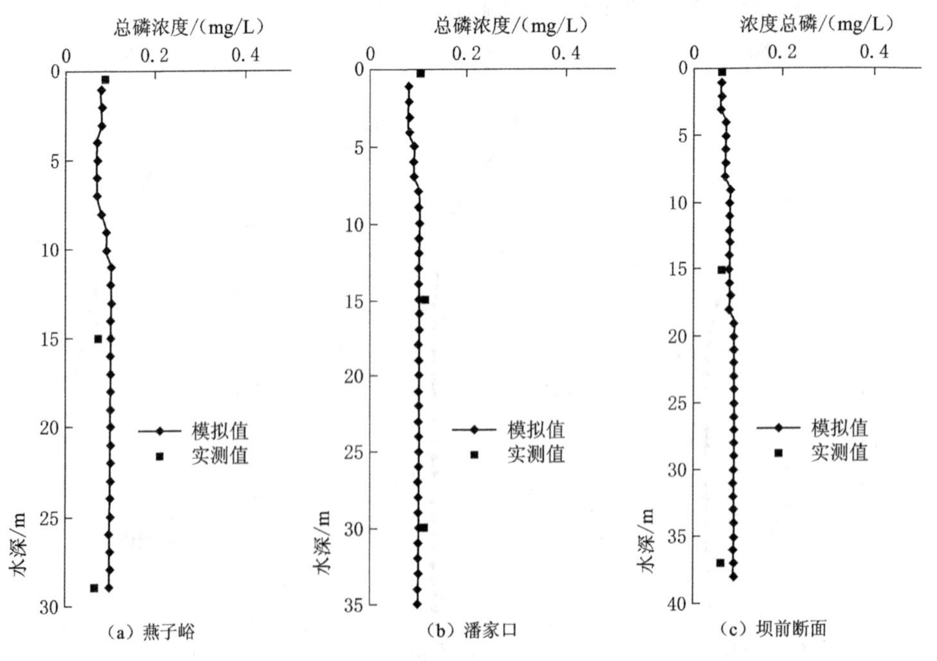

图4-23 参数率定期燕子峪、潘家口与坝前断面模拟总磷浓度与实测浓度垂向分布图

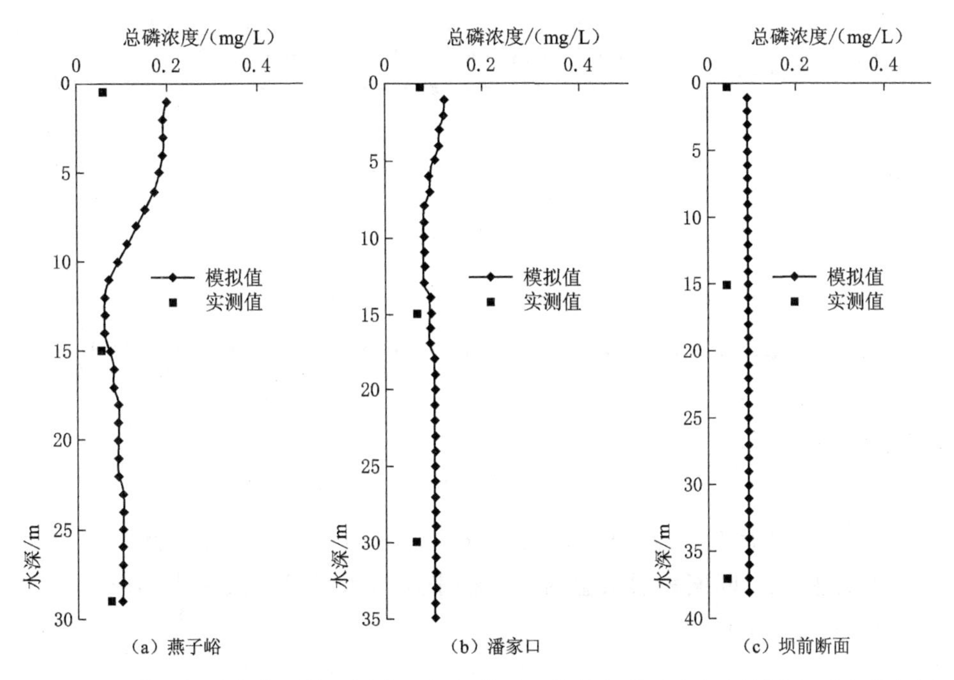

图 4-24 模型校验期燕子峪、潘家口与坝前断面模拟总磷浓度与实测浓度垂向分布图

4.3.3 结果分析

(1) 水温变化特征。

1) 日内变化过程。水体温度的变化受到辐射量和气温的影响，在模型计算中，气温采用了日平均值，因此日内气温对水温变化的影响忽略不计，表层水温的变化主要受到辐射量的制约。我们以 2011 年 6 月 23 日的潘家口断面为例分析水温日内变化规律，当天降雨量为 23.1mm，云量为 10，日辐射量仅为 4.9MJ/m^2，可以预判水面为降温状态。6 月 23 日表层水温、水下 10m 处水温以及处理后的辐射量小时过程如图 4-25 所示。

如图 4-25 所示，表层水温整体上处于降温的状态，水温最大值出现在 23 日 0 时的 23.39℃，最小值出现在 23 日 23 时的 21.8℃；日内辐射量最大值出现在上午 11 时，而白天表层水温的极大值出现在下午的 13 时，比辐射量最大值滞后 2 个小时左右；水面下 10m 处的水温逐步升高，从 0 时的 14.45℃到 23 时的 14.81℃，可见水库深层水温正处于上升期。

2) 日过程变化特征。受气象要素和水文要素影响，同一断面水温沿垂向分布会随时间延续呈现不同的特征，而且水库表层水温也会对水文气象因子产生响应。同样，可以选取潘家口断面 5 月 23 日、6 月 23 日、

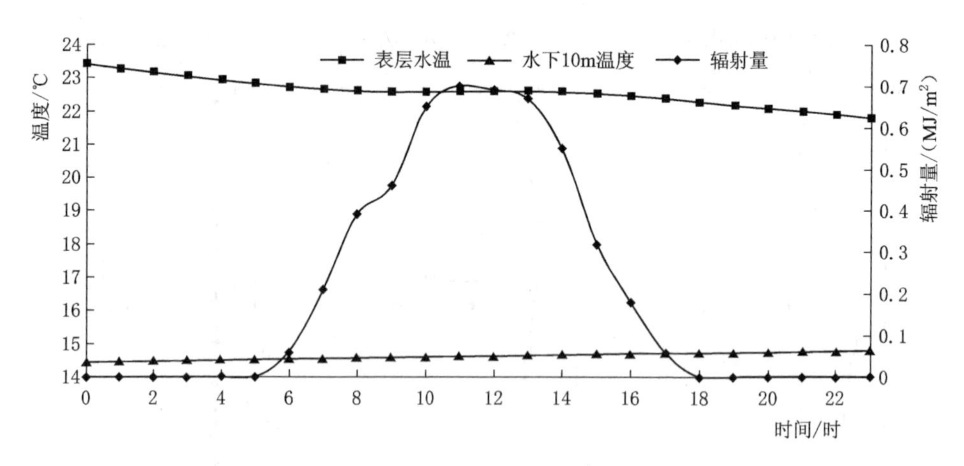

图 4-25　水温及辐射量日内变化示意图

7 月 23 日和 8 月 23 日水温在垂向的分布来说明断面水温随时间的变化规律，选取潘家口断面表层水温的日过程来说明水温对气象因素的响应，如图 4-26、图 4-27 所示。

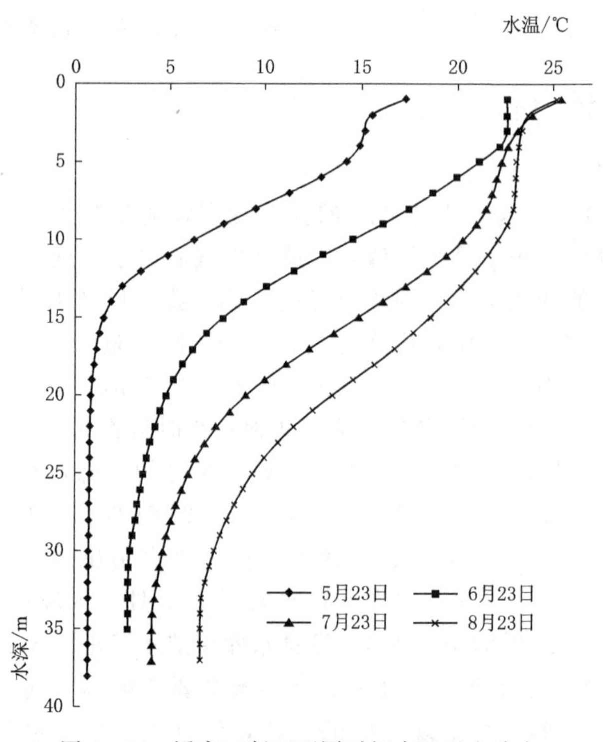

图 4-26　潘家口断面不同时间水温垂向分布

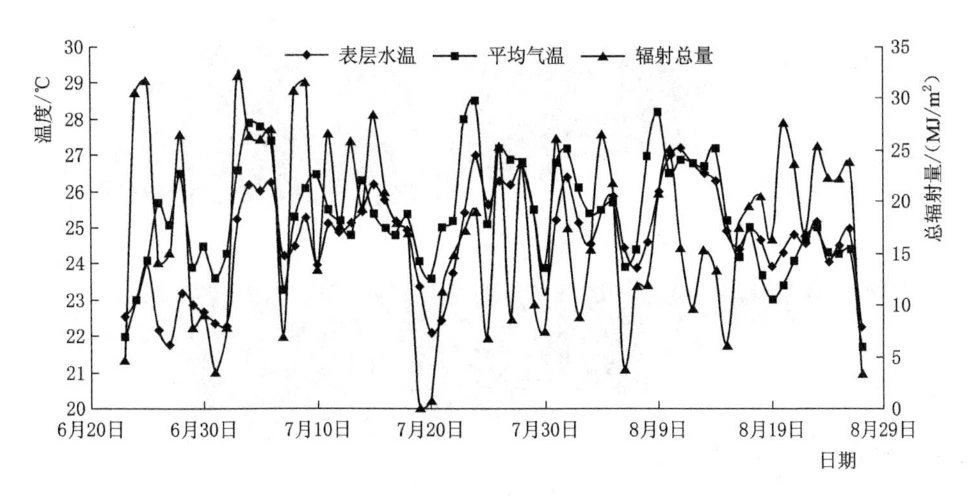

图4-27　潘家口断面表层水温与气象因素日过程变化图

5月23日到8月23日之间水库整体上处于升温状态，表层水温上升到25℃左右时，会在一定的范围内波动，深层水温在逐渐升高；表层等温带不断变厚，温跃层下移，温跃层梯度也在逐渐减小。从图4-27可知，潘家口断面水温值介于22～27℃之间，大多数时间小于当地平均气温值；水温与辐射总量息息相关，水温的变化滞后于辐射总量的变化，存在一定的响应时间。

3）空间分布特征。库底地形、泄水口以及水深等会影响到水体温度的输移传递和收支状况，制约着水库垂向二维水温的空间分布，以6月23日和8月27日的水温分布为例来说明不同水体温度值在空间上的分布特征，如图4-28所示。其中，6月23日和8月27日的流速分布如图4-28（a）和（b）所示，两时期流速的最大值均位于大坝泄水处。

从图4-28（c）和（d）可见，潘家口水库水温随水深变化明显，存在明显的温跃层。6月23日温跃层位于水下5m左右，8月27日温跃层位于水下15m左右；受水库泄水影响，坝前断面深水温度略大于其他断面；受地形影响，燕子峪周围深水区水流条件较差，温度的传递基本上只靠垂向温度扩散作用，因此水温变化较慢，水库水温最低值也位于此处。

（2）水质浓度变化特征。

该模型在计算营养盐浓度迁移转化过程中没有考虑渔业养殖和底泥释放等内源影响，而且入库径流营养盐浓度资料缺乏，再加上藻类对营养盐的吸收富集作用因素的影响，使得模型在对营养盐浓度模拟精度不是十分满意，尤其是总磷浓度的计算，模拟精度还有待进一步提高。

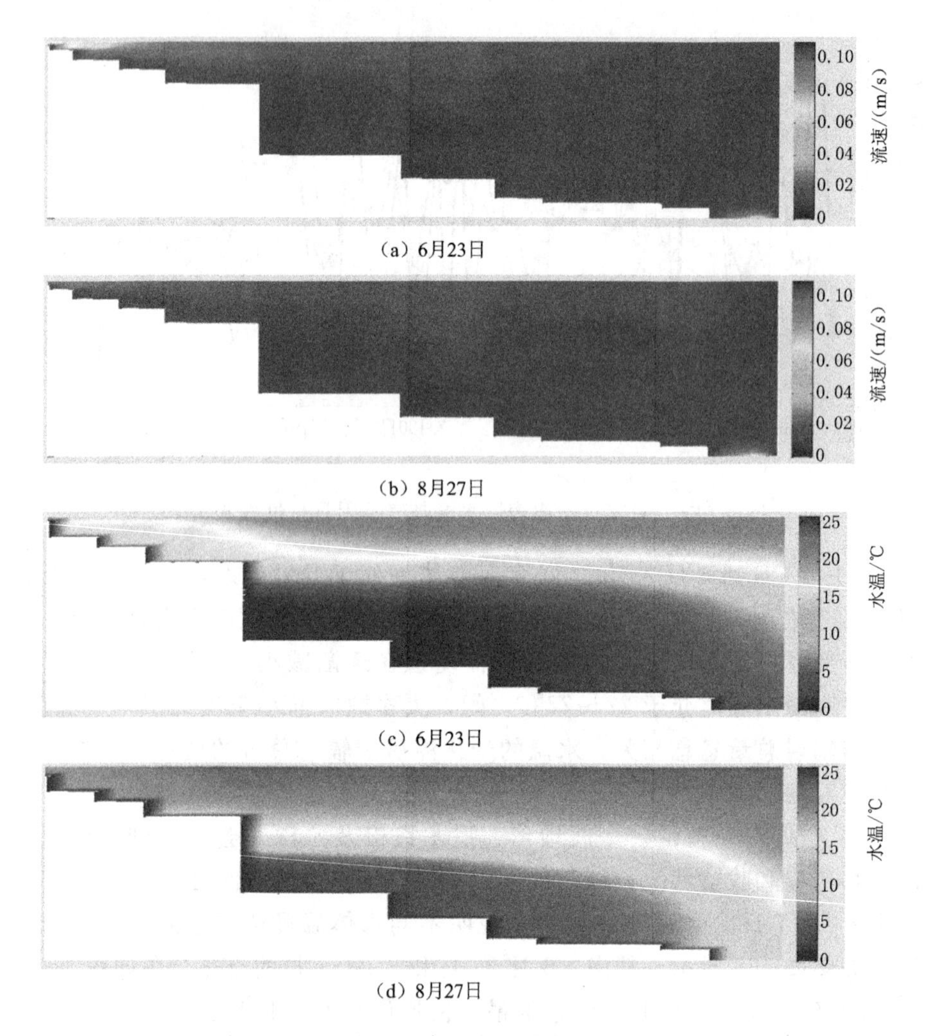

(a) 6月23日

(b) 8月27日

(c) 6月23日

(d) 8月27日

图 4-28　潘家口水库垂向二维水温分布示意图

水体营养盐浓度时间上受上游入库径流带入的影响，具有一定的季节性，如 6 月水体总磷总氮浓度较高，而随着 8 月入库径流量的增加，水体营养盐浓度略有降低。空间上受流场、地形等因素的影响，垂向分层不明显，如燕子峪断面库底坡降较陡，底部水体流动性差，营养盐浓度的传播只能依靠扩散作用，因此其浓度的变化滞后于其他区域。

4.3.4　适用性分析

本书在水库垂向二维水温模型的基础上拓展了水质计算模块，实现了水温与水质的同步计算，虽然模型在扩散系数的选取上具有一定的经验性，但是模拟结果也很好地反映了水体水温分层状况，溶质的移流扩散过程。水温分布结构对于污染物浓度的分布也有一定的间接影响：温跃层的出现和消亡会对库区的流场产生明显的影响作用，而污染物浓度的变化又与流场的变化息息相关。

潘家口水库作为典型的河道深型水库，具有河道深型水库的统一特征，水库二维水温水质模型在潘家口水库成功运用，用以分析水库的温度分布特征和演变过程、分析总磷总氮等营养盐的时空分布特征，最终作为水库富营养化关键区域和关键时段识别的重要工具。实际上，河道深型水库的温度受气象条件和入库径流的影响，垂向上存在温度分层现象；水质受入库径流带入的影响，垂向分布又受底泥释放和投饵等人类活动的影响。水库二维水温水质模型很好地囊括了水库水体热量、溶质的收支、传递以及衰减过程中的关键过程，详细描述了既定地形条件下的水动力、水温和水质的传播过程，其输入文件可以体现河道深型水库的地形、水文条件等特征，因此该二维数学模型完全适用于河道深型水库。同时，作为河道深型水库模拟研究的重要工具，可以对我国大多数水库开展水质和水环境研究，服务于水库的水质管理和富营养防治，为保障供水安全和生态安全提供重要的技术手段。

第5章　基于EFDC的潘家口水库水环境模拟

5.1　数据描述与模型选择

第4章，基于水库二维数值模型进行了潘家口水库水温、流速及营养盐的模拟分析；本章采用EFDC模型构建潘家口水库叶绿素a浓度模拟模型，考虑水库水文过程、水库调度和水面变化，以水位、流量等水动力学指标，以水温、溶解氧、总磷、氨氮、硝态氮等水质指标和叶绿素a浓度等水生态指标为模拟目标，通过逐级模拟、率定和验证，验证EFDC模型在模拟潘家口水库叶绿素a浓度的时空变化特征上的适用性，探求不同水库调度情景下潘家口水库水体水质变化与叶绿素a浓度指标变化情势。

5.2　潘家口水库水动力水质模型建立

5.2.1　网格生成与垂向结构

（1）网格生成。EFDC模型能考虑到天然河道蜿蜒曲折、支流汇入的影响，具有多弯道和复杂地形的对流和紊流计算，适用于具有复杂形状区域的曲线正交网格的能力，同时使网格线与流线方向一致可减少差分格式的数值扩散误差。相比笛卡尔坐标系网格，曲线正交网格能较好拟合河道边界，降低数值模拟的计算量，提高计算精度，降低了数值模拟中的不稳定性。考虑到潘家口水库具有天然河道蜿蜒曲折、具有多弯道和复杂地形、库区无支流流入以及最大水面宽度变化大等特点，兼顾模型计算时间与计算精度，利用Googleearth软件确定研究区的水平边界，采用Delft3D软件生成曲线正交坐标网格共1450个导入EFDC模型，经检验，网格的正交性良好（平均正交性偏差为2.83），潘家口水库网格概化如图5-1

所示。

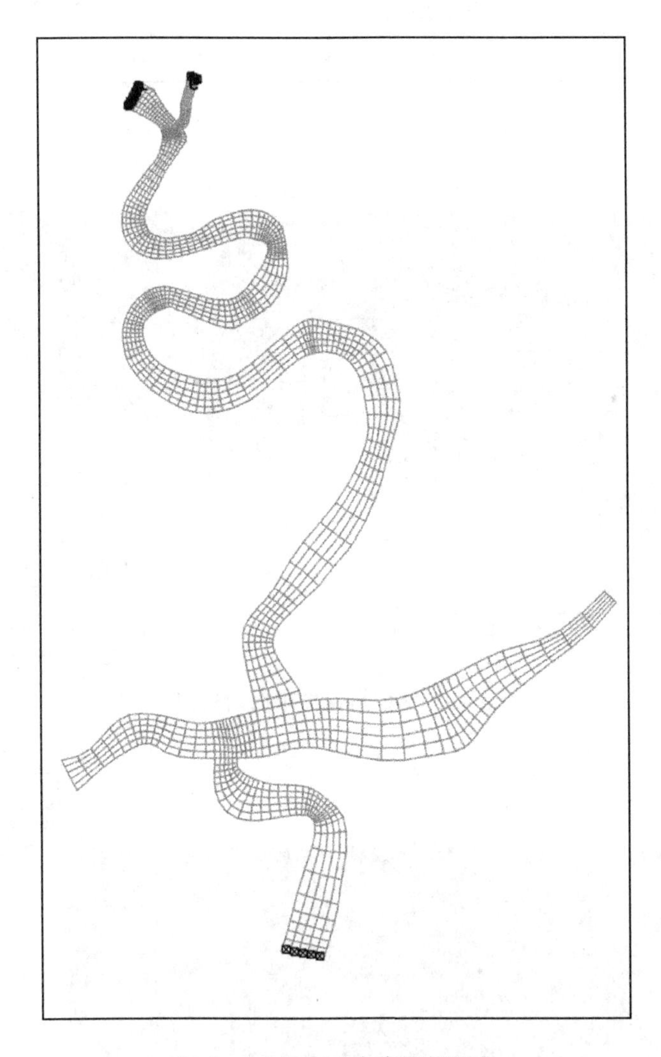

图 5-1 潘家口水库网格概化

(2) 垂向结构。采用 2005 年 8 月 12 日的单次洪量(2.62 亿 m^3),则 $\beta=0.09\ll0.5$,判断水库为温度稳定分层型水库,即洪水过程对水温垂向分布的影响不大。为模拟潘家口水库垂向水温分层现象,以及使模型更适应水下地形的变化,垂向上采用 sigma 坐标系将水体分为 10 层,第 1 层为最底层,第 10 层为表层水体,各层水体的分配比例见表 5-1。垂向网格剖分如图 5-2 和图 5-3 所示。

表5-1　　潘家口水库水体垂向分层比例

分层	第1层	第2～4层	第5～10层
比例	0.1	0.2	0.05

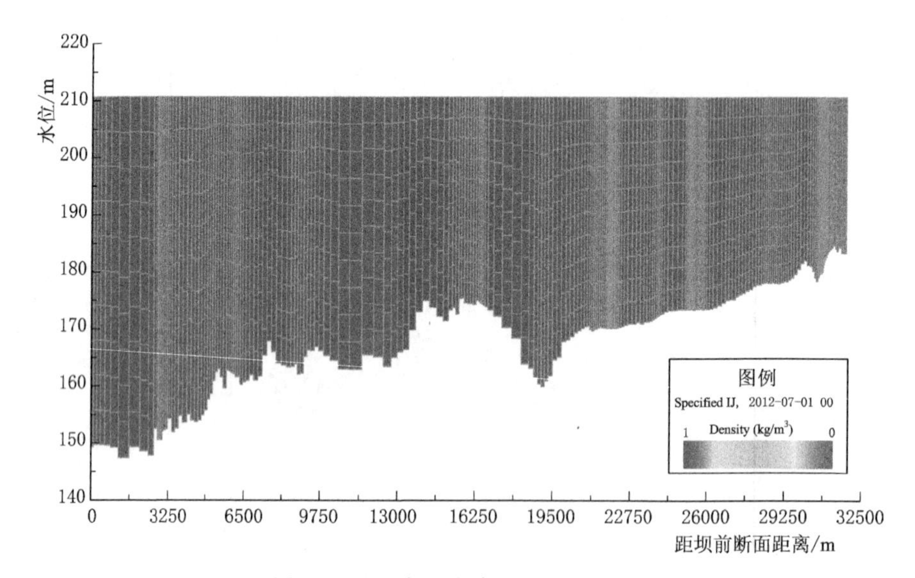

图5-2　潘家口水库垂向网格剖分

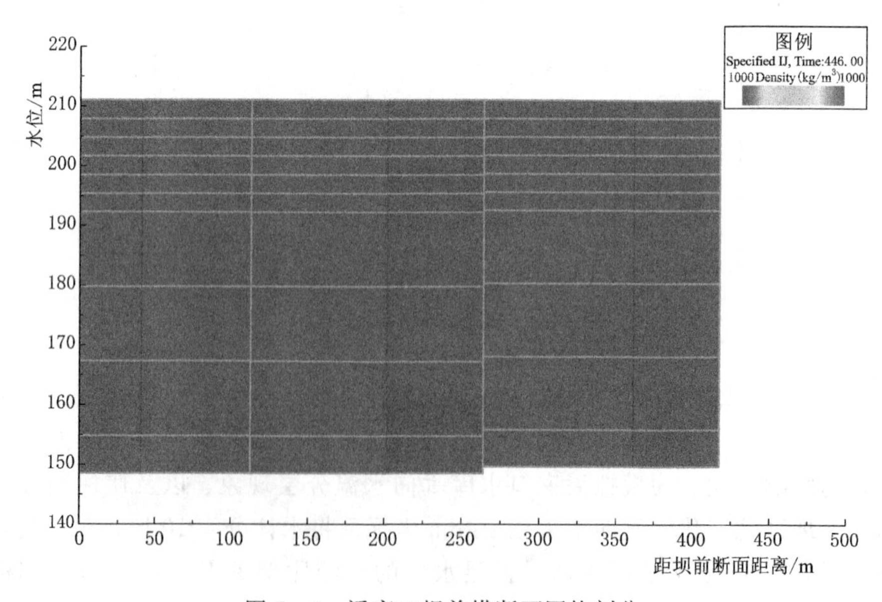

图5-3　潘家口坝前横断面网格剖分

5.2.2 初始条件

（1）水下地形。模型所需地形数据来自两方面：①根据 2006 年水利部引滦济津工程管理局对潘家口水库主河道进行断面测淤的结果，得到自坝址溯游而上共 23 个实测断面的水下地形，最远距离达 64.74km，其中库区部分为清河口断面至坝前断面。②2011—2012 年在潘家口水库进行野外水质指标监测时，依据监测断面位置的实测水深对 2006 年大断面数据进行修正，并最终得到符合模型输入格式的高程数据。将所提取的地形数据输入模型，模型将实测三维地形数据插值到所有水平计算网格中，得到潘家口水库三维水下地形数据空间展布图如图 5-4 所示，插值方法采用双

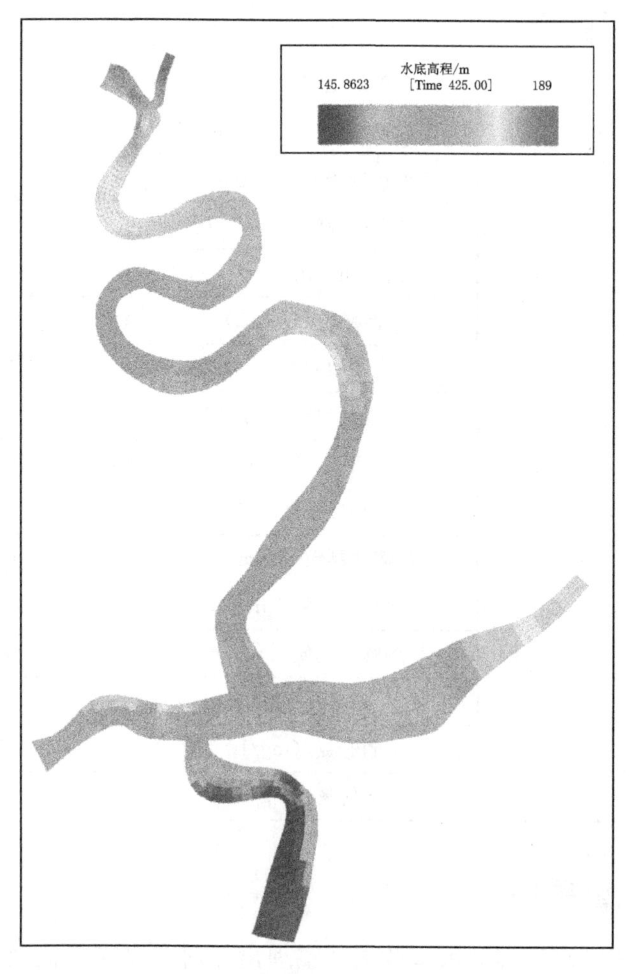

图 5-4 潘家口水库三维水下地形数据空间展布图

向最邻近插值法。

(2) 预热期与初始值设置。在模型构建时，初始值的设置往往对结果产生一定的人为影响，因此在模型运行前，为消除初始值设置对模型结果的影响，在模型率定期前设置8d的模型预热期，即将2012年3月22日设为模型预热期，根据潘家口水库野外全季节水温水质监测实验结果，预热期的指标选择及初始值设置见表5-2。

表5-2　　预热期的指标选择及初始值设置

指标类型	指标	预热期
	起始时间	2012年3月22日
物理指标	水位/m	211.03
物理指标	水温/℃	4
水生态指标	蓝藻细胞密度/(g/m³)	0.52
	硅藻细胞密度/(g/m³)	0.2
	绿藻细胞密度/(g/m³)	0.3
水质指标	难溶性颗粒碳/(mg/L)	0.3
	活性颗粒碳/(mg/L)	0.7
	溶解碳/(mg/L)	1
	难溶性颗粒磷/(mg/L)	0.01
	活性颗粒磷/(mg/L)	0.02
	溶解有机磷/(mg/L)	0.05
	总磷酸盐/(mg/L)	0.03
	难溶性颗粒氮/(mg/L)	0.01
	活性颗粒氮/(mg/L)	0.01
	溶解有机氮/(mg/L)	0.02
	氨氮/(mg/L)	0.08
	硝态氮/(mg/L)	5.1
	溶解氧/(mg/L)	12

5.2.3 流量条件

根据潘家口水库实测水情数据，整理出滦河、瀑河入流及水库出流流量日过程，由于潘家口水库水利枢纽为抽水蓄能电站，出库流量存在正负值交替过程，因此模型上下游均采取流量边界在输入，其中入库流量为正，出库流量以向下游泄流为负，向水库抽水为正。水库流量边界条件如图 5-5 所示。

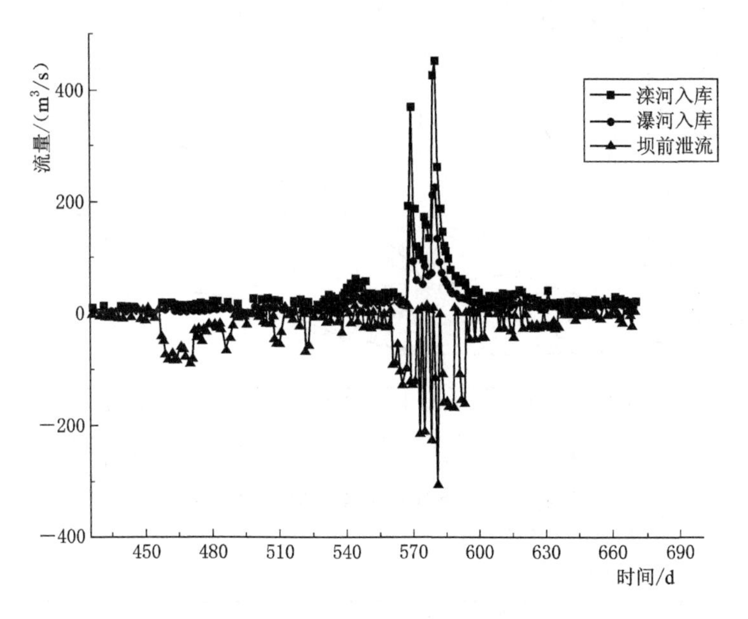

图 5-5 水库流量边界条件

（注：起始时间 2011 年 1 月 1 日为第 0 天）

5.2.4 水温、气象、水质边界条件

（1）水温边界条件。依据实测水库入流水温水质监测数据，入库水温呈垂向分层结构，底层（第 1 层）、中层（第 5 层）、表层（第 10 层）入流水温时间序列如图 5-6 所示。

（2）气象边界条件。潘家口水库气象数据均从中国气象科学数据共享服务网站获得，包括风速、风向、气压、干温度、相对湿度、降雨、蒸发、日照时间和太阳辐射。其中风向以正北为 0°，逆时针将圆周分为16 等分，采用度为计算单位代入模型；相对湿度以小数代入模型；降雨、蒸发的单位为 m/d；规定全晴天的云量为 0，全阴天的云量为 1，折算日照时间可得云量资料；因缺乏太阳辐射资料，依据 2012 年乐亭站月辐射总量数据平均生成日辐射数据，其中，全天 0～6h 及 18～24h 辐射量为 0W/m^2，12h 辐射量最大；风速、气压、干温度可直接代入模型计算。图 5-7～图 5-14 为模型所采用的气象数据时间序列图。

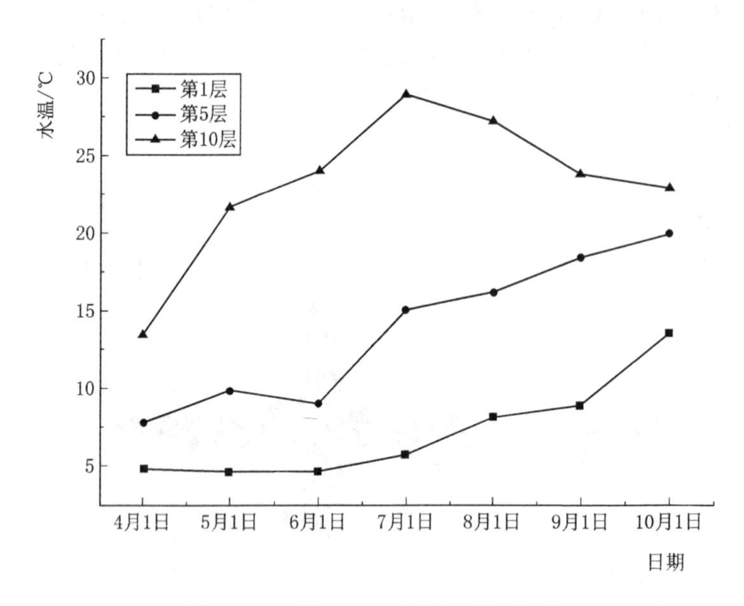

图 5-6　瀑河口入库水温时间序列

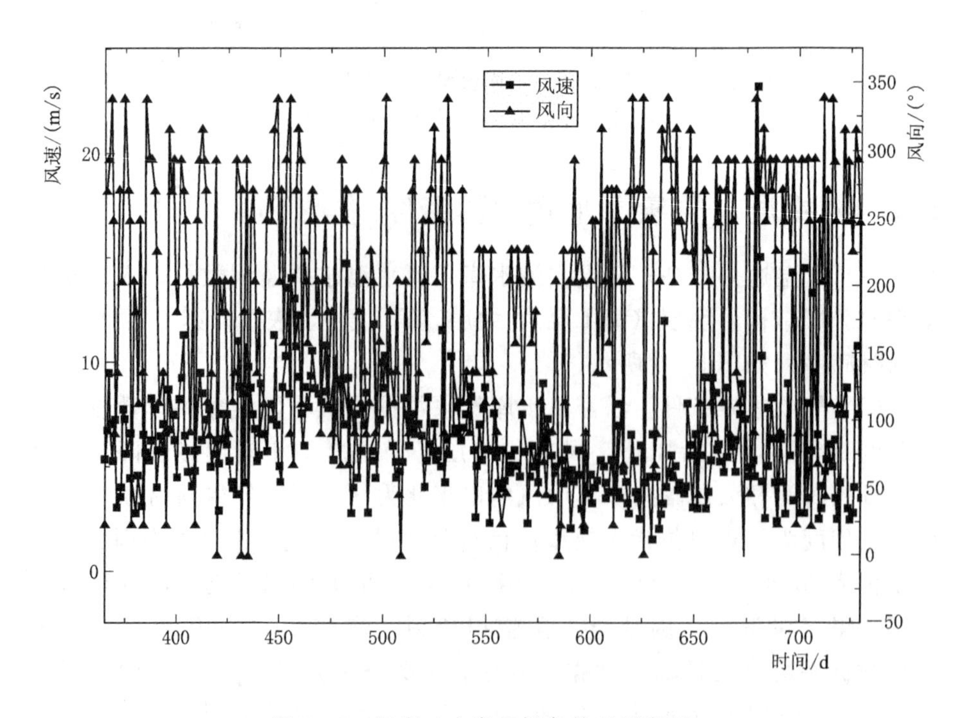

图 5-7　潘家口水库风场条件时间序列

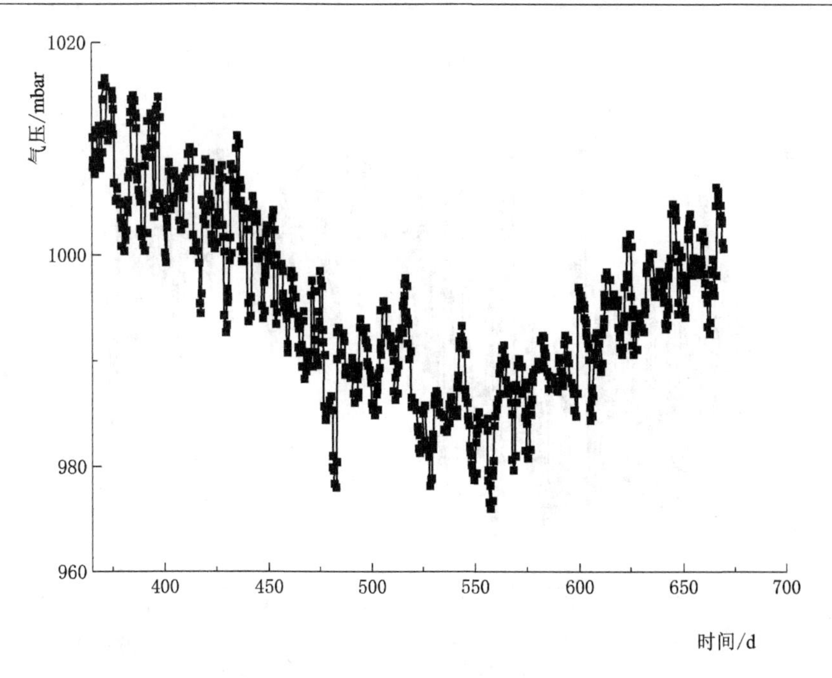

图 5-8　潘家口水库气压条件时间序列（1mbar=100Pa）

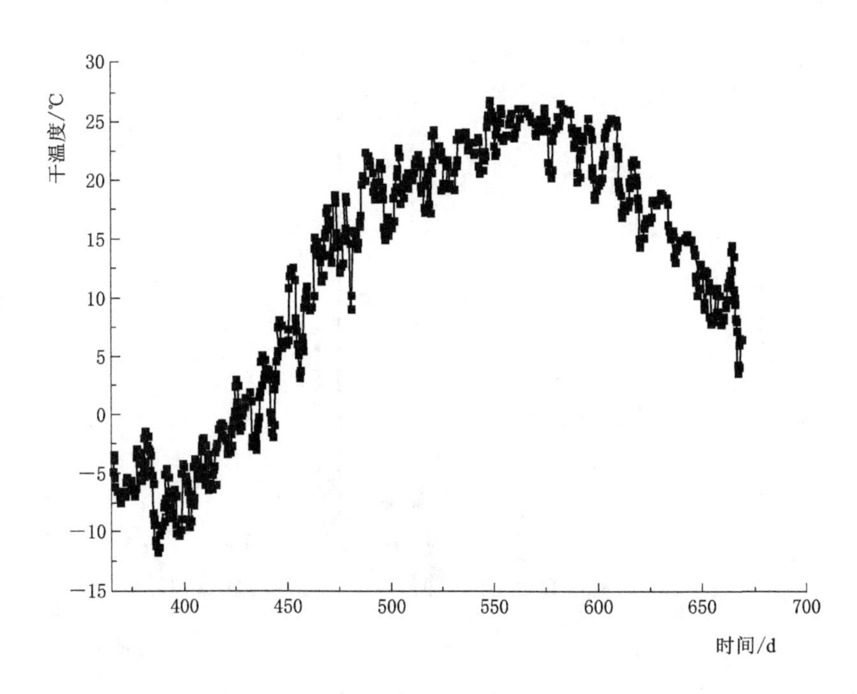

图 5-9　潘家口水库大气干温度时间序列

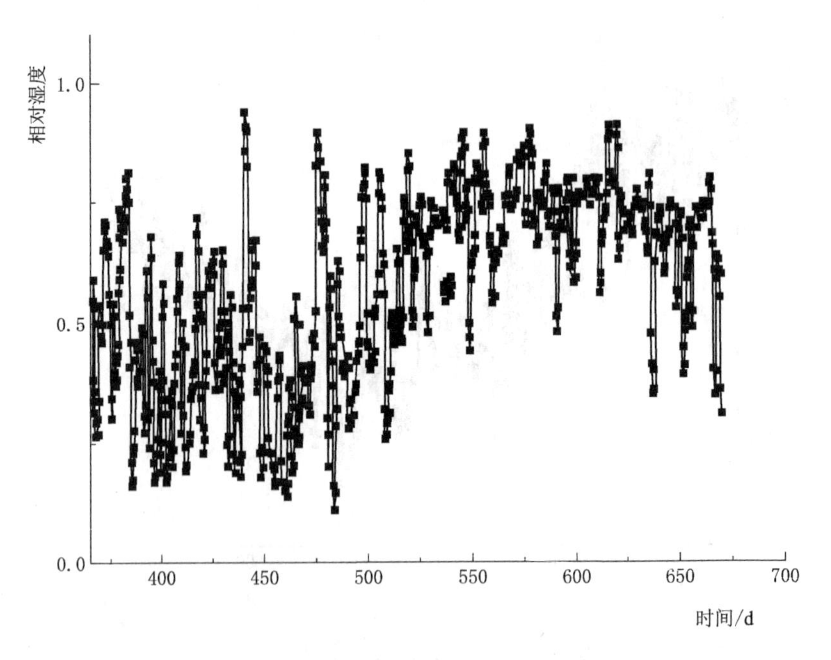

图 5 - 10　潘家口水库大气相对湿度时间序列

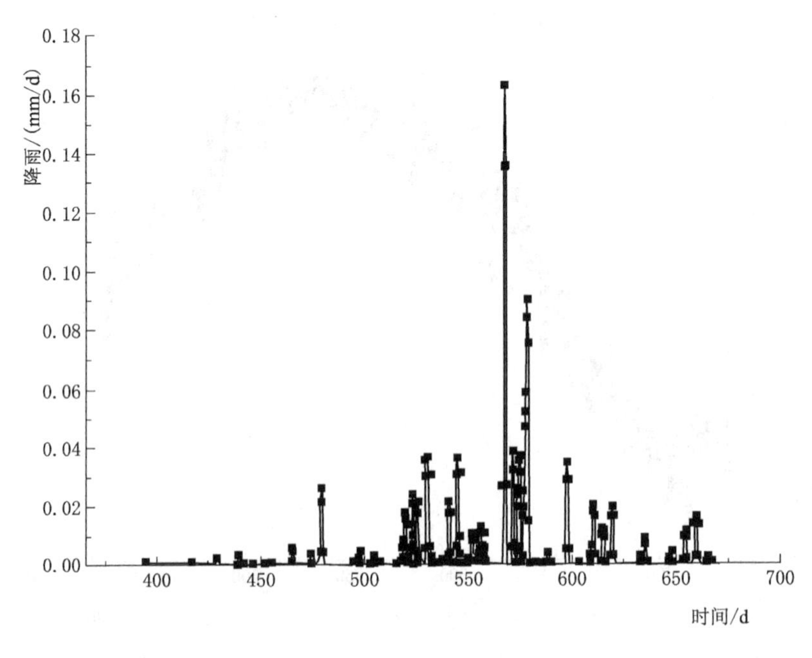

图 5 - 11　潘家口水库库区降雨量时间序列

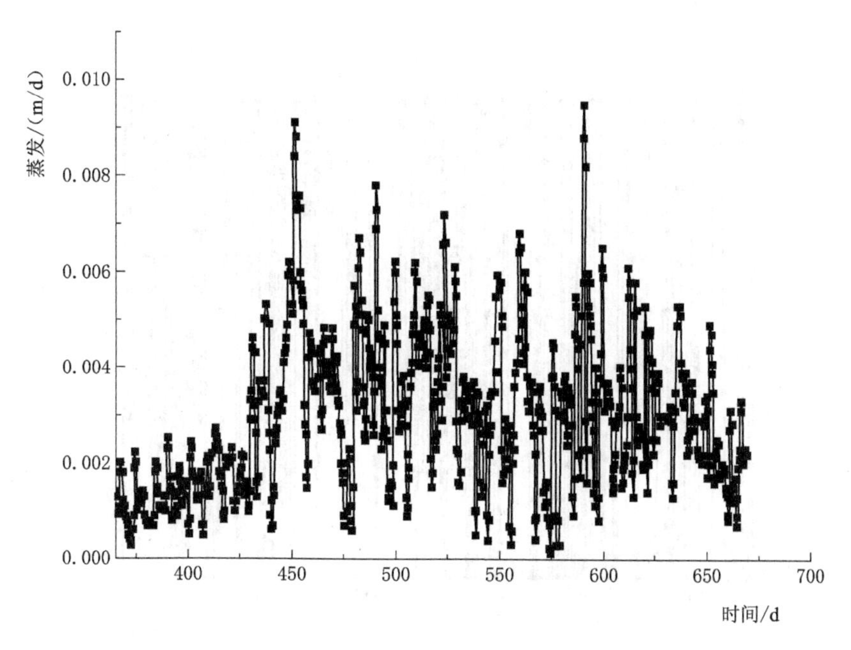

图 5-12 潘家口水库库区蒸发量时间序列

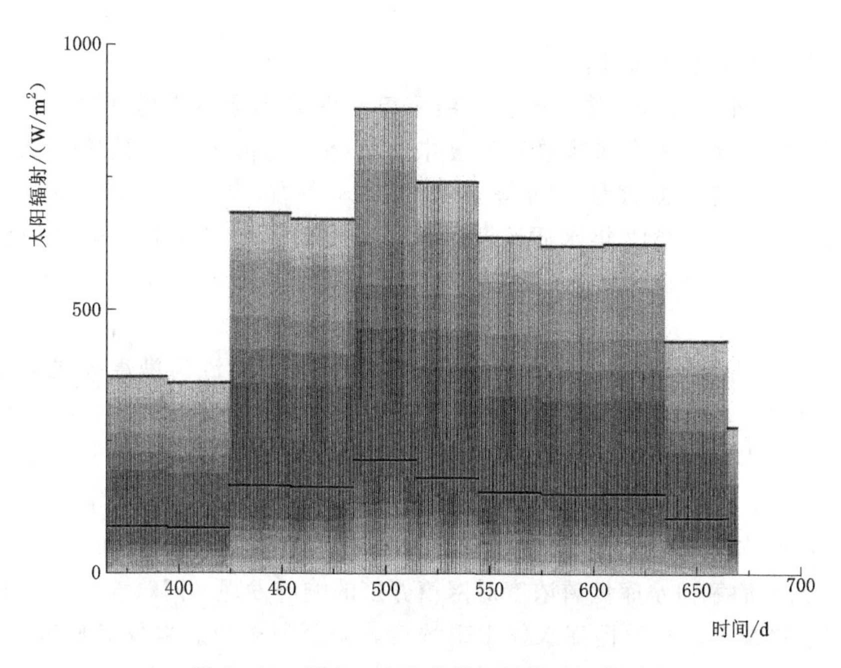

图 5-13 潘家口水库太阳辐射量时间序列

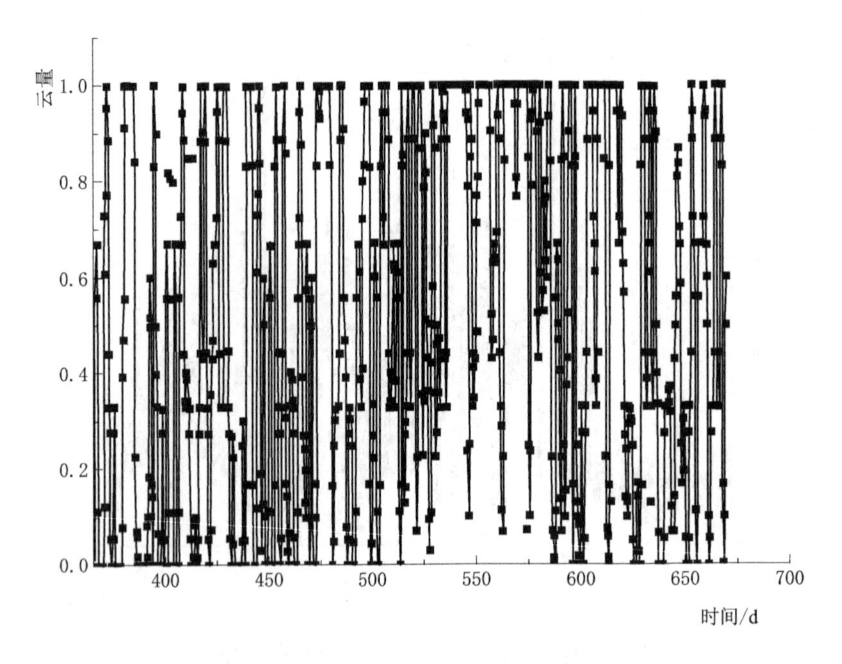

图5-14 潘家口水库云量数据时间序列

(3) 水质边界条件。

1) 水库入流水质边界条件。潘家口水库的典型的"富氮型"与"磷限制性"水体。水库水体总氮浓度中溶解态氮约占85%，颗粒态氮约占15%，其中硝态氮含量占溶解态氮的70%左右，氨氮约占溶解态氮的4.5%[80]。根据2012年水质监测结果，整理得瀑河口断面三类藻细胞密度、溶解氧、总磷、氨氮、硝态氮边界条件时间序列如图5-15～图5-19所示。

2) 内源污染边界条件。近年来，潘家口水库内源污染逐渐成为重要污染源之一，水库中网箱养鱼规模和密度日益增加，20世纪80年代至今，潘家口水库瀑河口断面至潘家口断面多处存在投饵网箱，总数约1.7万余箱，其中，吃食性鲤鱼、鲫鱼约占1万箱，滤食性白鲢、花鲢等占7000箱左右，使水库总的氮磷浓度显著增加，诱发藻类生物量增长[80]。吴敏等[80]研究潘家口水库氮磷浓度对网箱养殖的响应发现，网箱养殖可显著降低硝态氮浓度，有效提高水体中磷浓度，降低氮磷比。根据其研究结果，可将潘家口水库网箱养殖的氮磷内源污染概化为流速为0的固定点源，其浓度时间序列如图5-20、图5-21所示。

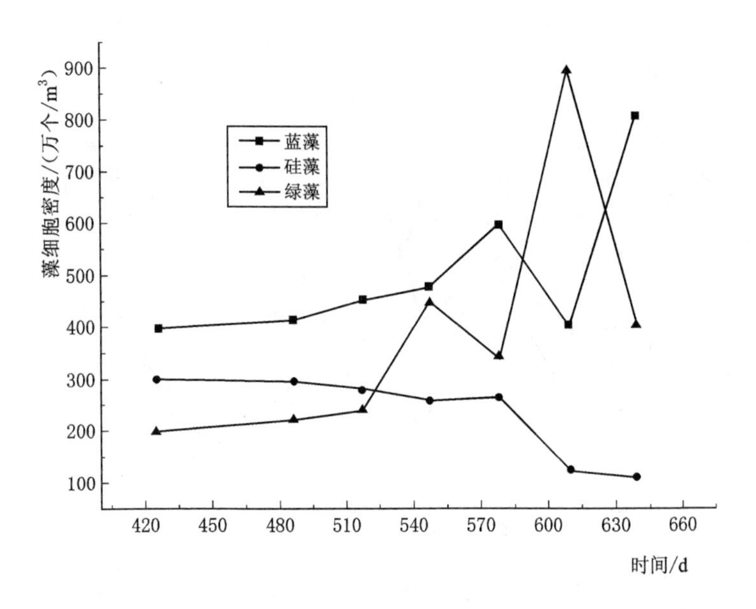

图 5-15 瀑河口入库藻细胞密度时间序列

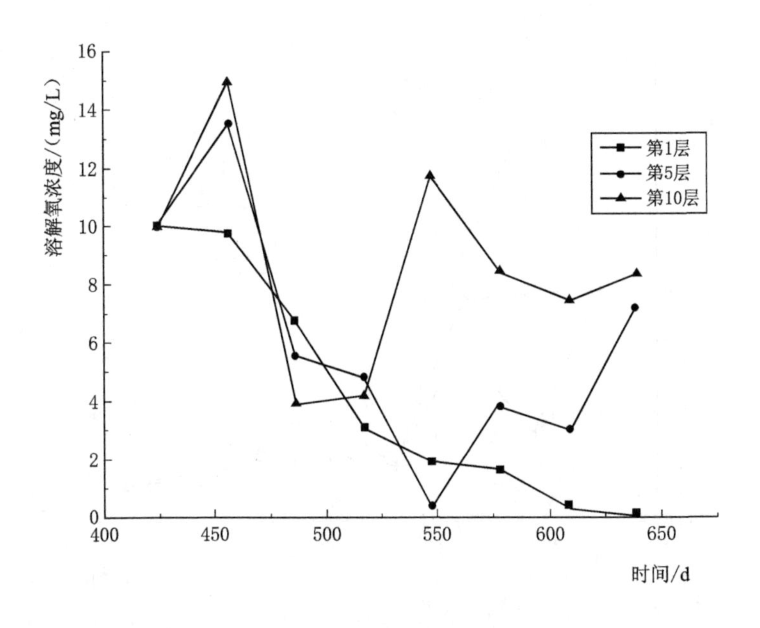

图 5-16 瀑河口入库溶解氧浓度时间序列

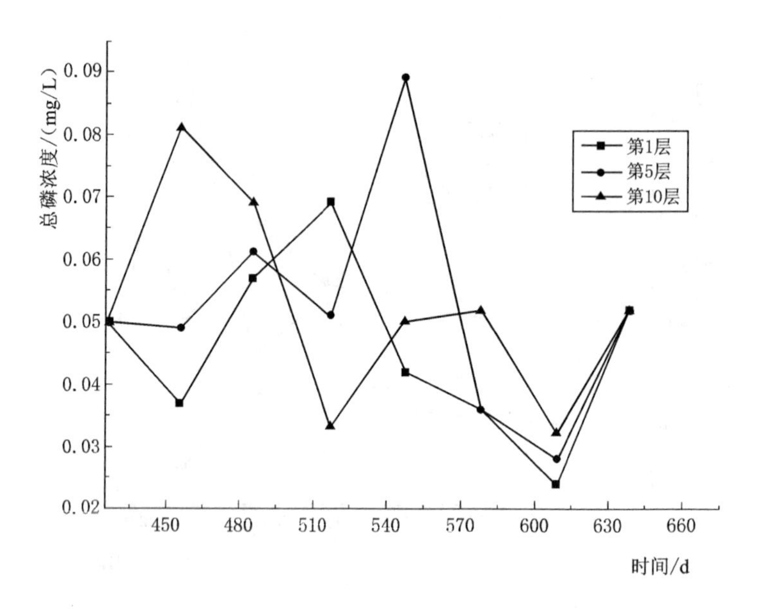

图 5-17　瀑河口入库总磷浓度时间序列

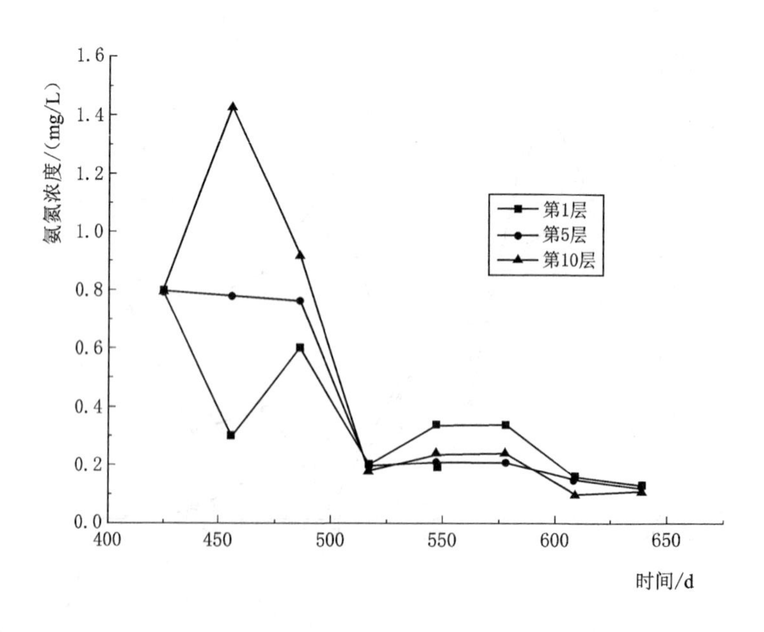

图 5-18　瀑河口入库氨氮浓度时间序列

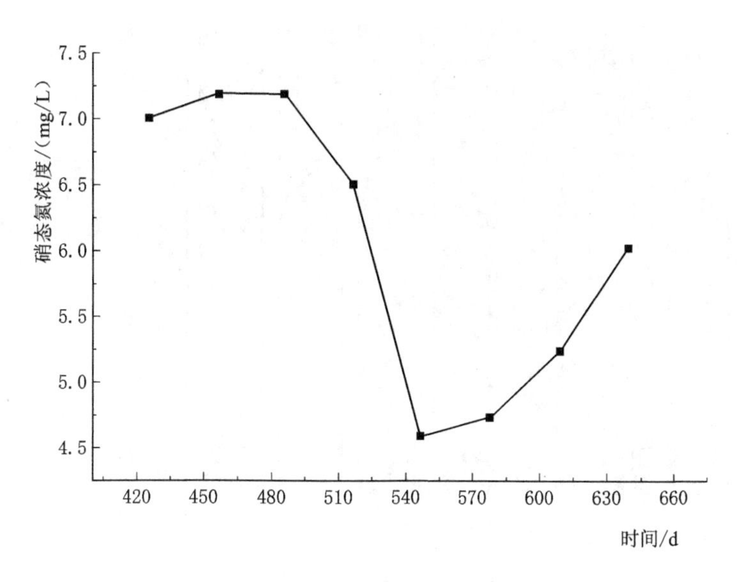

图 5-19 瀑河口入流硝态氮浓度时间序列

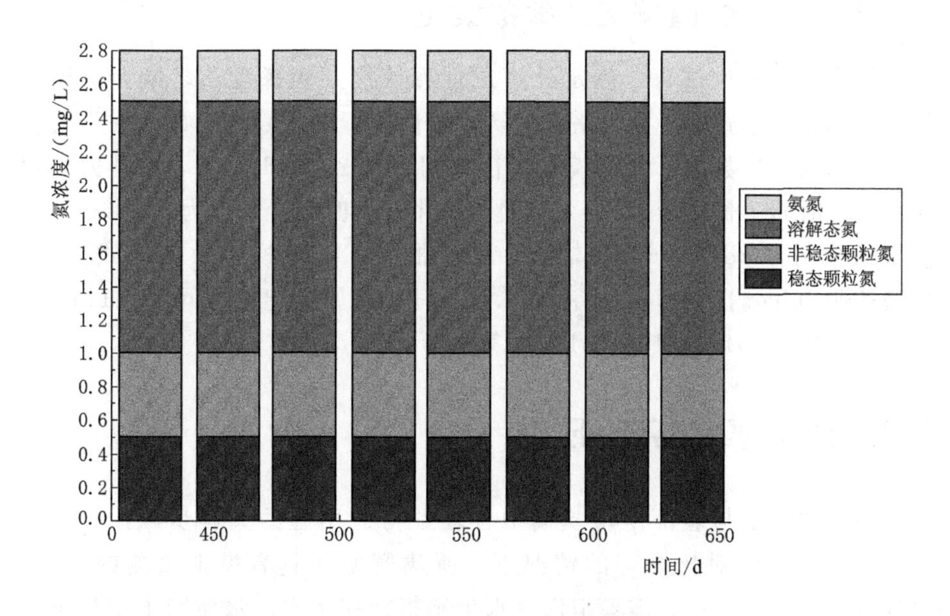

图 5-20 潘家口水库网箱养殖氮源时间序列

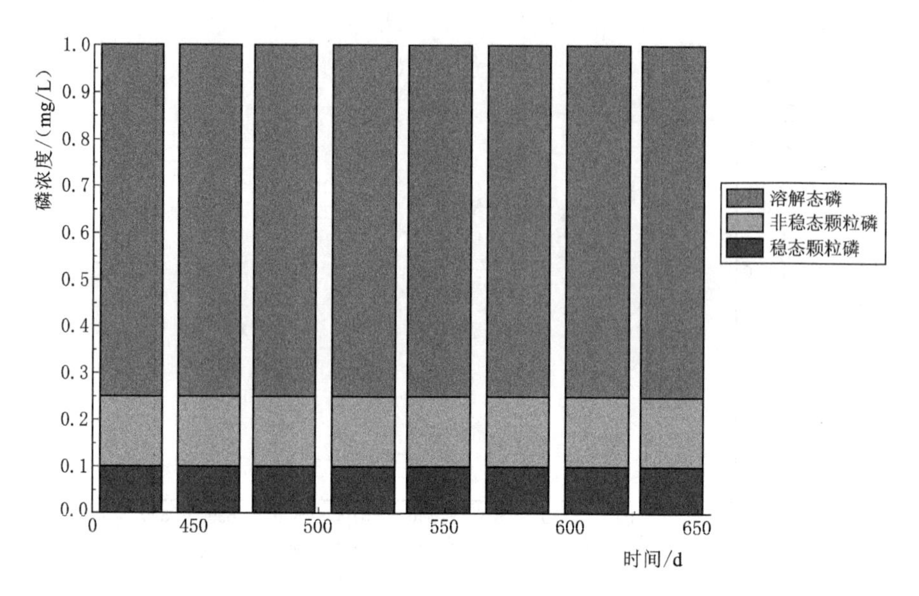

图 5-21　潘家口水库网箱养殖磷源时间序列

5.2.5　模型数值解法及参数设定

模型通过多次试算，确定外模式计算使用共轭梯度法求解，内模式计算采用 2 阶隐式中心差分格式求解，可使模型结果稳定可靠。由于流量水位数据均为日数据，因此模型运行周期设为 24h(86400s)，水动力过程最小计算时间步长设为 10s，水质过程最小计算时间步长设为 1d(86400s)，模型结果每 0.5d(720min) 输出一次。根据 EFDC 模型数据格式要求，模型按照 Julian 日期运行，将 2011 年 1 月 1 日设为起始时间（“Time of Start”＝0），2012 年 10 月 31 日为第 669 天。

5.3　模型率定与验证

模型的率定与验证是检验模型合理性与适用性的关键步骤，只有在通过与实测资料对比合理的情况下，所建模型才具有模拟预测的功能。根据本章的研究目标，需模拟水库水生态指标在水文、水质因子变化条件下的演变特征，因此模型采取水动力-水质-水生态指标分阶段率定验证的方法，分别对潘家口水库水位、水温、溶解氧、总磷、总氮、叶绿素 a 浓度 6 项指标的计算值与实测值进行误差分析。模型率定期设为 2012 年 4 月

1 日至 6 月 30 日，模型验证期设为 2012 年 7 月 1 日至 10 月 1 日。

模型水动力模块率定的主要参数包括河底糙率 n、水平紊动黏性系数 A_c、水平紊动扩散系数 A_H、垂向紊动黏性系数 A_v、垂向紊动扩散系数 A_b、水面蒸发传导系数、水-气界面热传导系数、太阳短波辐射快速衰减系数（SWRATNF）、太阳短波辐射慢速衰减系数（SWRATNS）、太阳短波辐射中短波辐射所占比例等。

模型水质模块主要率定的指标包括难溶解颗粒态有机物沉降速率 WS_{rp}、活性颗粒态有机物沉降速率 WS_{lp}、难溶解颗粒态有机氮最小水解率 K_{RN}、活性颗粒态有机氮的最小水解率 K_{LN}、溶解态有机氮的最小水解率 K_{NN}、溶解态有机氮矿化率 K_{DON}、氨氮硝化率 K_{Nit}、难溶解颗粒态有机磷最小水解率 K_{RP}、活性颗粒态有机磷最小水解率 K_{LP}、溶解态有机磷最小水解率 K_{DP}、溶解态有机磷矿化率 K_{DOP}。

模型需要率定的生态指标主要包括藻类最大生长率、藻类被捕食率、藻类沉降速度、藻类基础代谢率、碳与叶绿素比例、蓝藻（绿藻）最适宜生长温度阈值、硅藻最适宜生长温度阈值、藻类磷半饱和常数、藻类氮半饱和常数等。

参数率定采取文献查询与率定试算相结合的方法，通过与实测资料对比，使模型模拟指标误差达到人们可接受的范围，率定精度指标采用平均误差（Average Error，*AE*）、相对均方根误差（*RRE*）和纳什（*NS*）效率系数反映模型结果与实测过程之间的吻合程度，计算公式如下所示，各项计算指标的误差分析及指标选择如表 5-3 所示。率定的准则为坝前水位的相对均方根误差尽量小，纳什效率系数尽量大。参数组合率定结果见表 5-4。

$$AE=\frac{\sum_{i=1}^{N}\left|x_i-x_i^m\right|}{N}$$

$$RRE=\frac{\sqrt{\dfrac{\sum_{i=1}^{N}(x_i-x_i^m)^2}{N}}}{x_{\max}-x_{\min}}\times 100\%$$

$$NS=1-\frac{\sum_{i=1}^{N}(x_i-x_i^m)^2}{\sum_{i=1}^{N}(x_i-\overline{x}_i)^2}$$

式中：AE 为平均误差；REE 为相对均方根误差；NS 为纳什系数；x_i 为指标观测值；x_i^m 为模型计算值；N 为观测值或计算值的个数；$\overline{x}_i$ 为观测值平均值；x_{max} 为观测值中最大值；x_{min} 为观测值中最小值。

表 5-3　计算指标误差分析及指标选择

指标	水位	水温	溶解氧	总磷	总氮	叶绿素 a
AE	－	＋	＋	＋	＋	＋
RRE	＋	＋	＋	＋	＋	＋
NS	＋	－	－	－	－	－

注：＋表示采取该指标，－表示不采取该指标。

表 5-4　参数组合率定结果

类　型	序　号	参　　数	取　值
水动力	1	河底糙率	0.019
	2	水平紊动黏性系数	0.0001
	3	垂向紊动黏性系数	0.5
	4	水平紊动扩散系数	0
	5	垂向紊动扩散系数	1×10^{-7}
热通量	6	1000 * 蒸发传导系数	1.5
	7	1000 * 水-气界面热传导系数	1.5
	8	太阳短波辐射快速衰减系数/(1/m)	0.67
	9	太阳短波辐射慢速衰减系数/(1/m)	0.05
	10	太阳短波辐射快速衰减比例	0.6
沉降	11	难溶解颗粒态有机物的沉降速率/(m/d)	0.25
	12	活性颗粒态有机物的沉降速率/(m/d)	0.25
氮	13	难溶解颗粒态有机氮最小水解率/(1/d)	0.01
	14	活性颗粒态有机氮的最小水解率/(1/d)	0.01
	15	溶解态有机氮矿化率/(1/d)	0.01
	16	氨氮硝化率/(1/d)	1
磷	17	难溶解颗粒态有机磷最小水解率/(1/d)	0.05
	18	活性颗粒态有机磷最小水解率/(1/d)	0
	19	溶解态有机磷矿化率/(1/d)	1

续表

类 型	序 号	参 数	取 值
藻类	20	藻类最大生长率/(L/d)	0.1
	21	藻类被捕食率/(L/d)	0.01
	22	藻类沉降速度/(m/d)	0.01
	23	藻类基础代谢率/(L/d)	0.01
	24	碳与叶绿素比例/(mg/μg)	0.05
	25	蓝藻最适宜生长温度阈值/℃	15～25
	26	硅藻最适宜生长温度阈值/℃	5～15
	27	绿藻最适宜生长温度阈值/℃	15～25
	28	蓝藻新陈代谢参考温度/℃	20
	29	硅藻新陈代谢参考温度/℃	10
	30	绿藻新陈代谢参考温度/℃	20
	31	藻类磷半饱和常数/(mg/L)	0.01
	32	藻类氮半饱和常数/(mg/L)	0.2

为精确阐述在潘家口水库的适用性，选取坝前断面为水库出口典型断面，燕子峪断面为水库库区典型断面。图 5－22～图 5－31 为率定期与验证期典型断面各项指标野外实测值与模型计算值的结果对比。

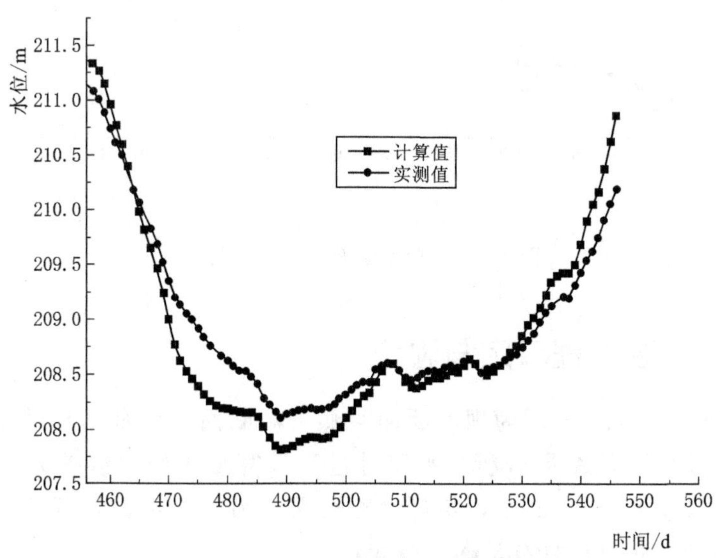

图 5－22 坝前断面水位率定结果

5.3.1　水动力过程率定与验证

模型率定期内坝前断面日水位相对均方根误差为 8.264%，日水位的纳什效率系数为 0.955，从图 5－22 可以看出，模型能较好地模拟坝前断面水位过程。

采用 2012 年 7 月 1 日至 10 月 1 日坝前断面实测日平均水位与模型计算值进行验证。图 5－23 比较了验证期坝前断面日水位的模拟值与实测值，相对均方根误差为 4.602%，纳什效率系数为 0.984，除 8 月上旬水位模拟存在较大误差，模型计算值与实测值拟合情况较好，其误差来源可能由水下地形不够精确、实测水位数据偏差等组成。总体上，验证的结果表明模型可以基本准确模拟潘家口水库水动力过程。

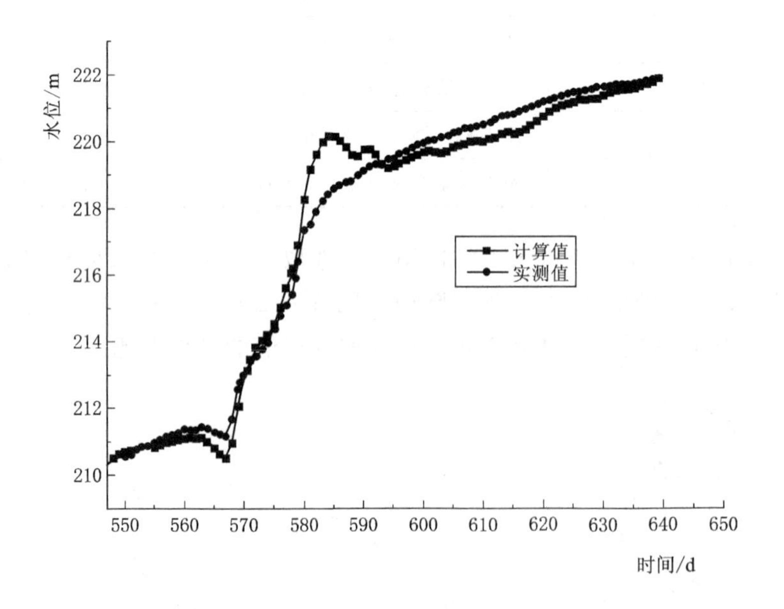

图 5－23　坝前断面水位验证结果

5.3.2　水温过程率定与验证

图 5－24、图 5－25 为坝前断面与燕子峪断面表层水体月过程计算值与实测值比较，从结果分析，水温月过程计算最大绝对误差为 2.321℃，平均绝对误差为－0.129℃，相对均方根误差为 13.783%，可见模型模拟水温的时间变化过程具有足够的精度。

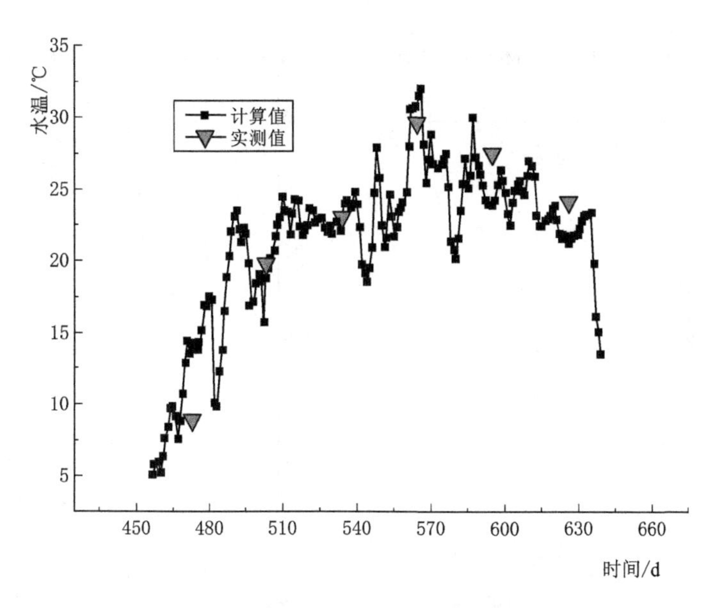

图5-24 坝前断面表层水体水温月过程模拟

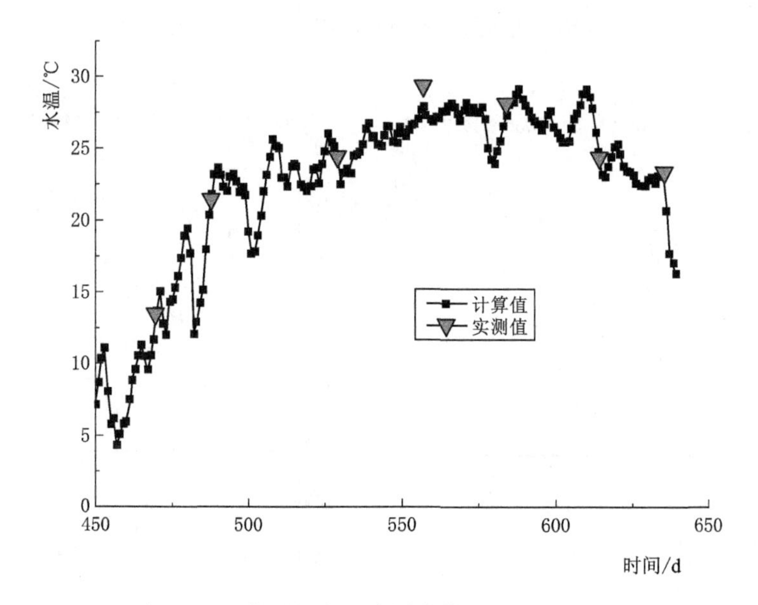

图5-25 燕子峪断面表层水体水温月过程模拟

表5-5给出了率定期与验证期燕子峪断面垂向水温分布模拟值与实测值的误差分析，垂向水温分布的平均误差在0.5℃以内，相对均方根误差在15%以内；从图5-26、图5-27也可看出，率定期与验证期典型断

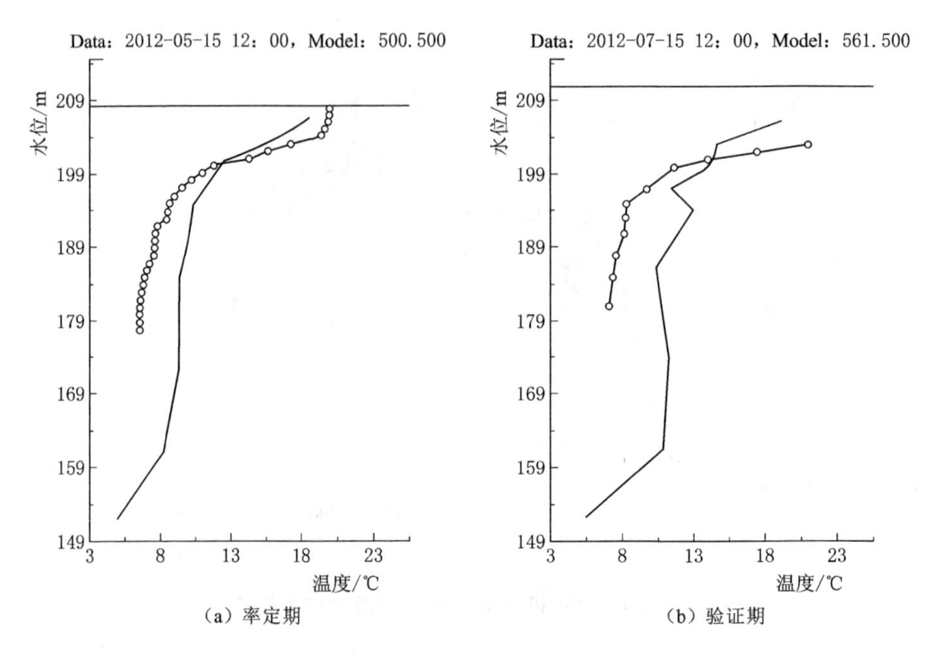

（a）率定期　　（b）验证期

图 5－26　坝前断面垂向水温模拟值与实测值对比

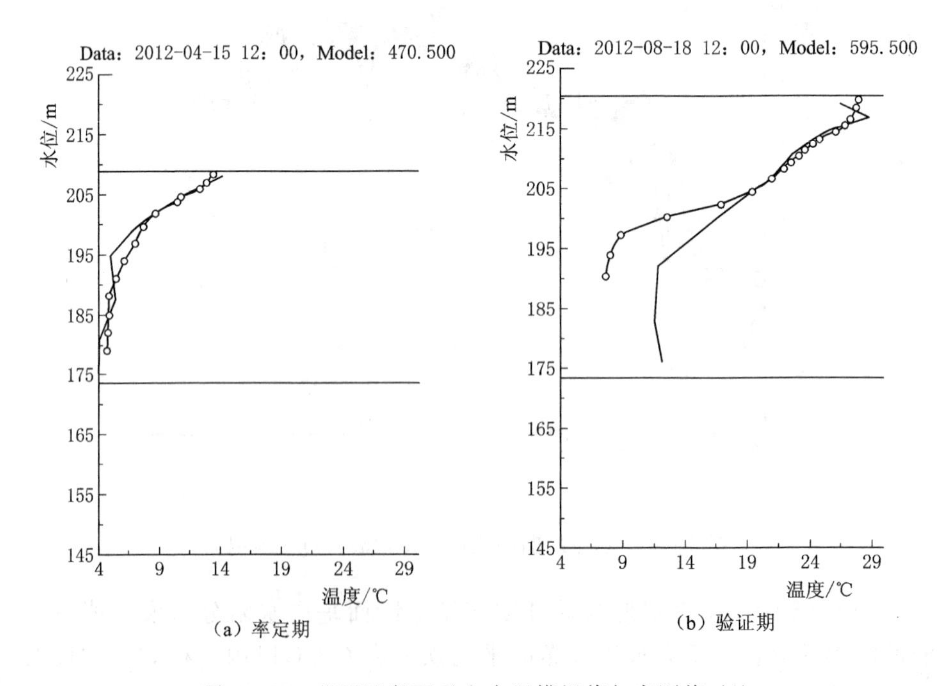

（a）率定期　　（b）验证期

图 5－27　燕子峪断面垂向水温模拟值与实测值对比

面的垂向水温分布的计算值与实测值均具有较好的拟合度，但验证期深层水体水温模拟误差较大，这可能是由于上游来水量偏大与坝前断面的抽水蓄能作用带来不稳定性，但总体上，模型能较好地模拟水温垂向分布。

表 5-5　　典型断面垂向水温变化误差分析

指　　标	坝前率定期	燕子峪率定期	坝前验证期	燕子峪验证期
数据量/个	31	14	16	18
平均误差/℃	1.101	−1.843	−1.067	0.309
相对均方根误差/%	15.311	24.826	23.347	13.819

图 5-28 和图 5-29 分别表示潘家口水库沿深泓线的纵断面上非汛期与汛期的水温分布等值线图，由图可知，水温从水库库首至坝前断面沿纵向呈逐级递减趋势，各典型断面的水温关系为：贾家庵＞燕子峪＞坝前，非汛期库首水温可达 12.26℃，库区其余断面水温则维持在 4℃左右；汛期上下游水温温差较大，各典型断面的水温关系为：燕子峪＞贾家庵＞坝前，沿纵向温差可达 10℃以上。

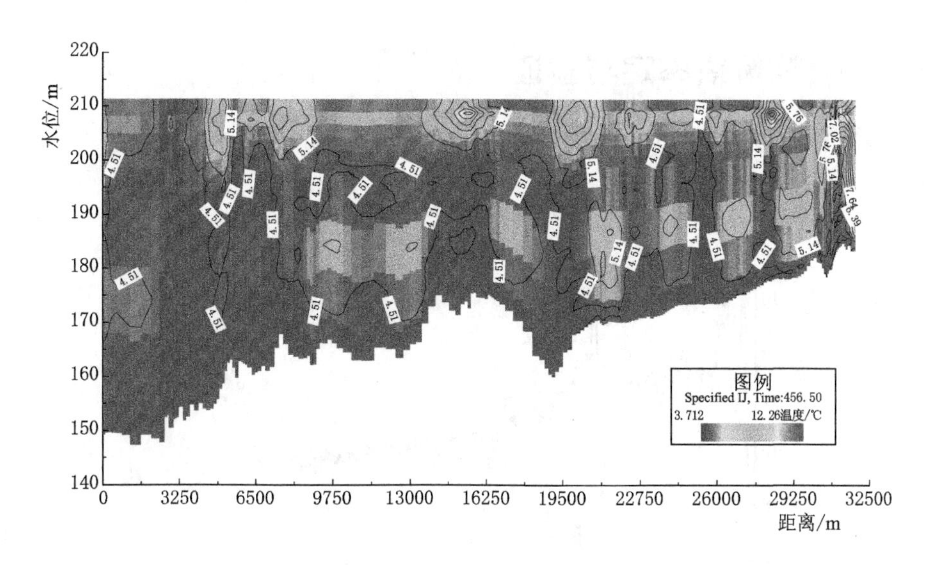

图 5-28　2012 年 4 月 1 日潘家口水库纵断面水温分布

非汛期（春季）水体的垂向翻转运动致使垂向水温变化不大，仅在部分弯道断面存在温差，这可能是由于弯道处水体存在局部紊流现象，造成水温升高；汛期（夏季）水体垂向存在显著的水温分层现象，水体呈稳定的层流状态，水温沿垂向在4.5～29℃内变化，表层水温最高，可达12～29℃，底层水位则在4.5～8.6℃内变化。模型结果符合实测结果。

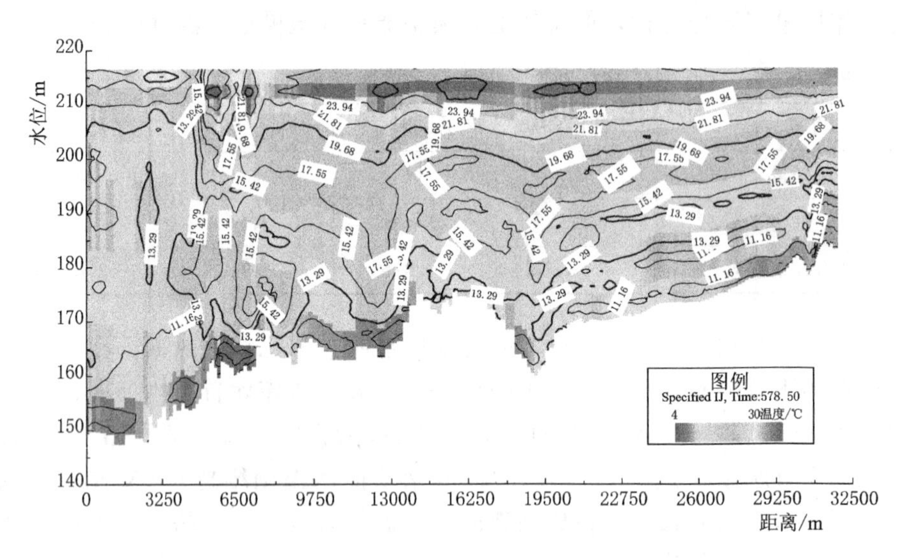

图5-29　2012年8月1日潘家口水库纵断面水温分布

5.3.3　溶解氧率定与验证

图5-30～图5-33为典型断面溶解氧浓度计算值与实测值的对比情

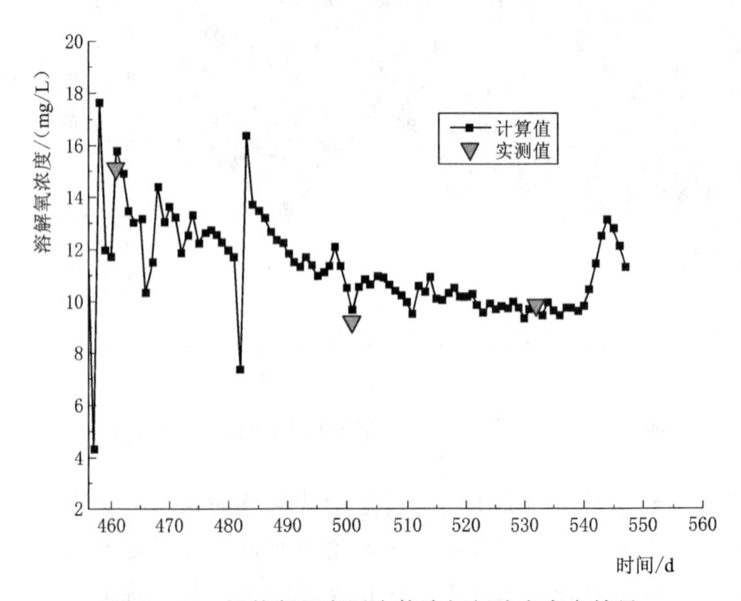

图5-30　坝前断面表层水体溶解氧浓度率定结果

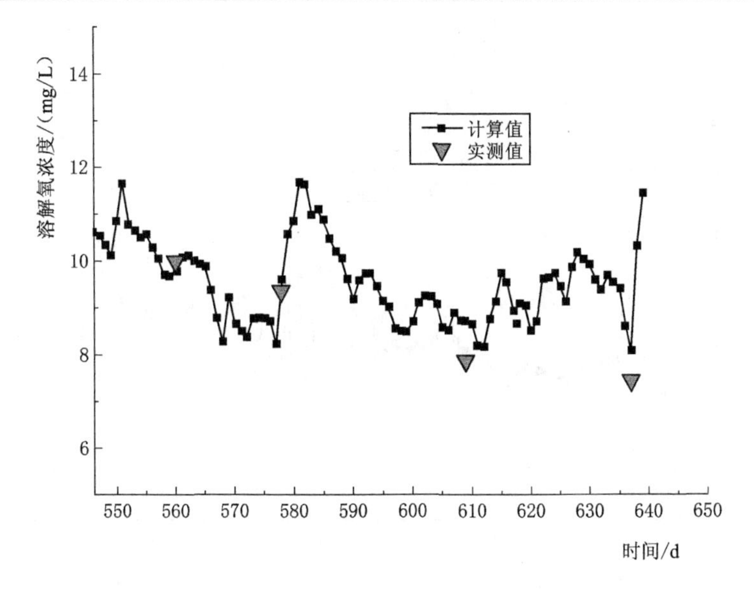

图 5-31 坝前断面表层水体溶解氧浓度验证结果

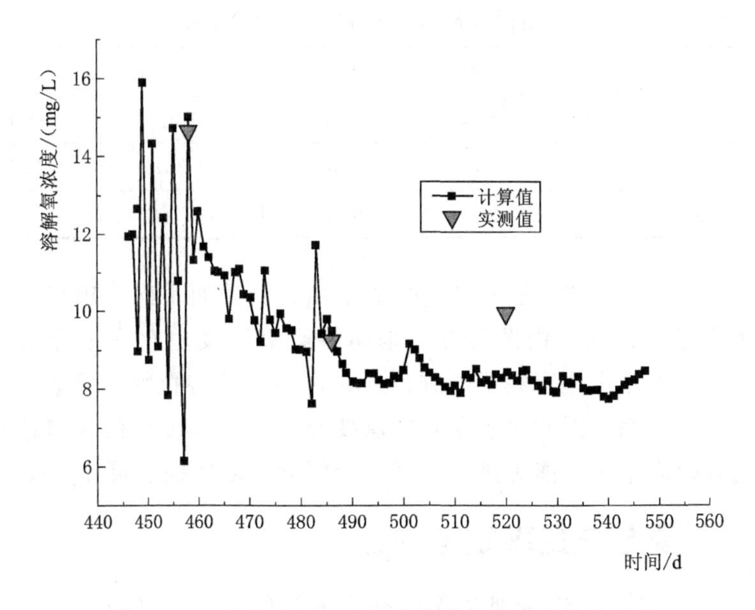

图 5-32 燕子峪断面表层水体溶解氧浓度率定结果

况，表层水体溶解氧浓度随时间变化不大，时间变化误差分析见表 5-6，平均误差在 1.5mg/L 以内，RRE 误差在 35%以内，模型能较好地模拟溶解氧的时间变化特征。

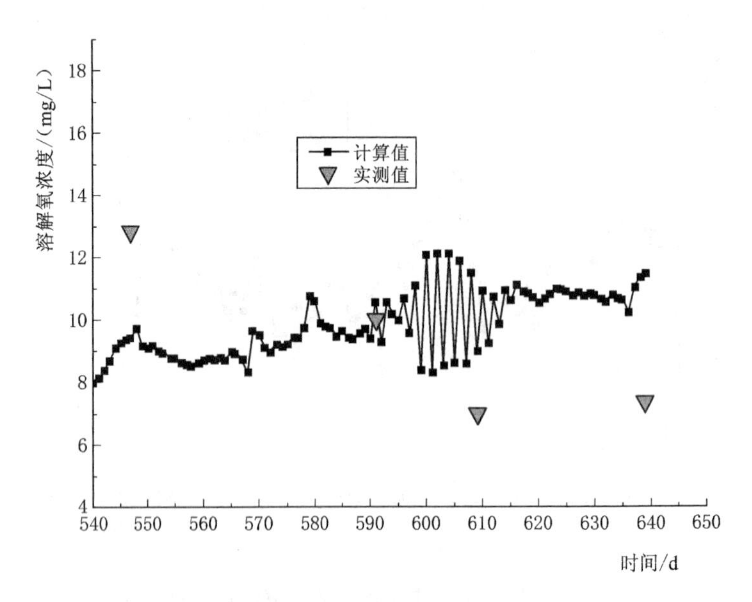

图 5-33　燕子峪断面表层水体溶解氧浓度验证结果

表 5-6　　　　坝前断面溶解氧浓度时间变化误差分析

误　　差	率　定　期		验　证　期	
	坝前	燕子峪	坝前	燕子峪
平均误差/(mg/L)	0.372	0.504	0.861	1.125
RRE 误差/%	27.66	33.528	21.765	31.373

图 5-34、图 5-35 为典型断面率定期、验证期垂向溶解氧浓度计算值与实测值对比情况，由图可知，垂向溶解氧浓度也存在一定的分层现象，这是由于表层水体富集了能进行光合作用的浮游植物，且表层水体存在一定的复氧作用，因此含氧量较底层要高。模型在模拟溶解氧浓度垂向变化上具有较高精度，能为进一步模拟叶绿素 a 浓度提供可靠支撑。

5.3.4　总磷与总氮率定与验证

图 5-36～图 5-39 为典型断面率定期与验证期总磷浓度时间变化的计算值与实测值对比，春季与秋季总磷浓度高于夏季总磷浓度，这是由于夏季藻类的新陈代谢过程加快，藻细胞密度增长较快，需吸收更多的磷酸盐作为生长要素，从而减小水体中总磷的含量。模型能较为准确模拟潘家口水库总磷浓度变化。

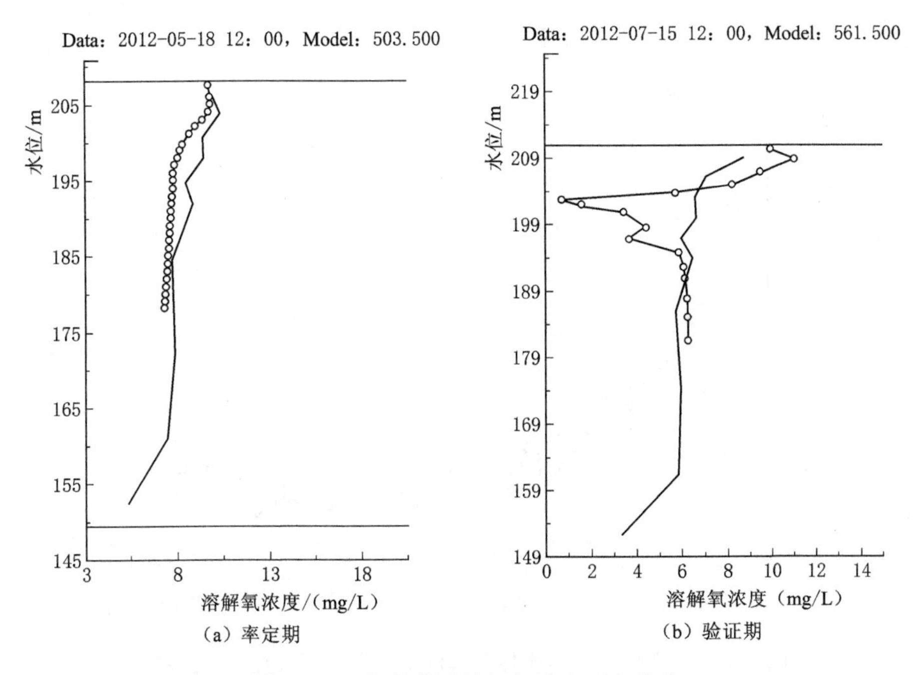

图 5-34　坝前断面溶解氧浓度垂向分布

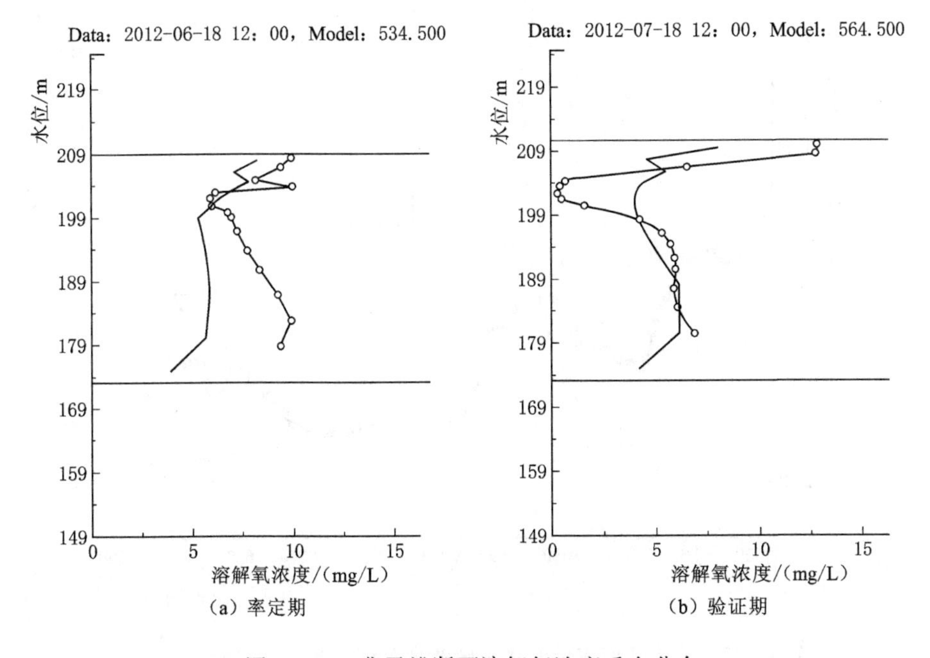

图 5-35　燕子峪断面溶解氧浓度垂向分布

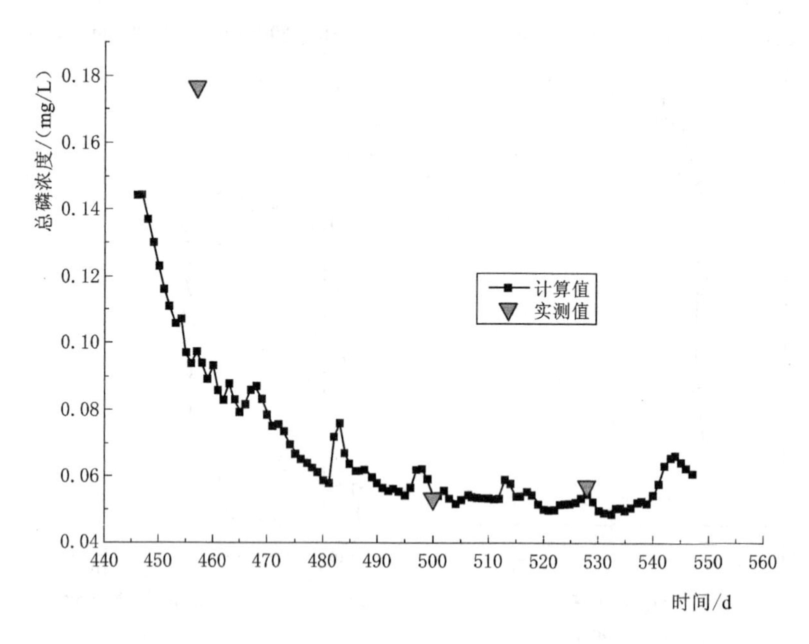

图5-36 坝前断面表层水体总磷浓度率定计算值与实测值对比

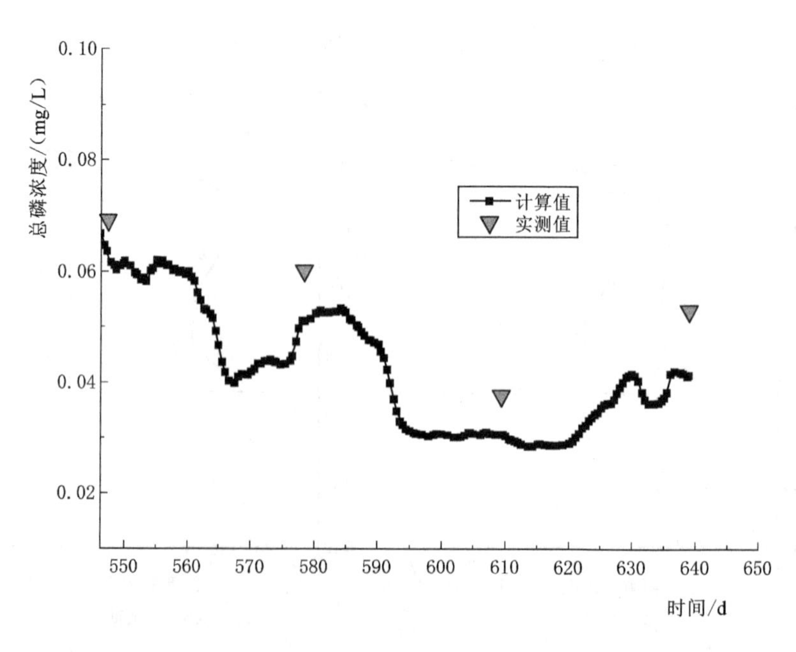

图5-37 坝前断面表层水体总磷浓度验证计算值与实测值对比

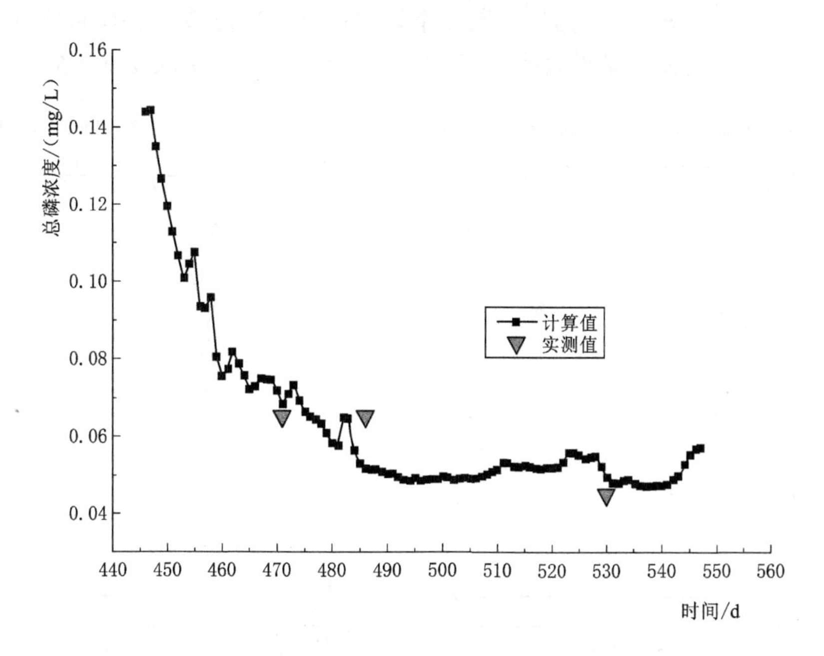

图 5-38 燕子峪断面表层水体总磷浓度率定计算值与实测值对比

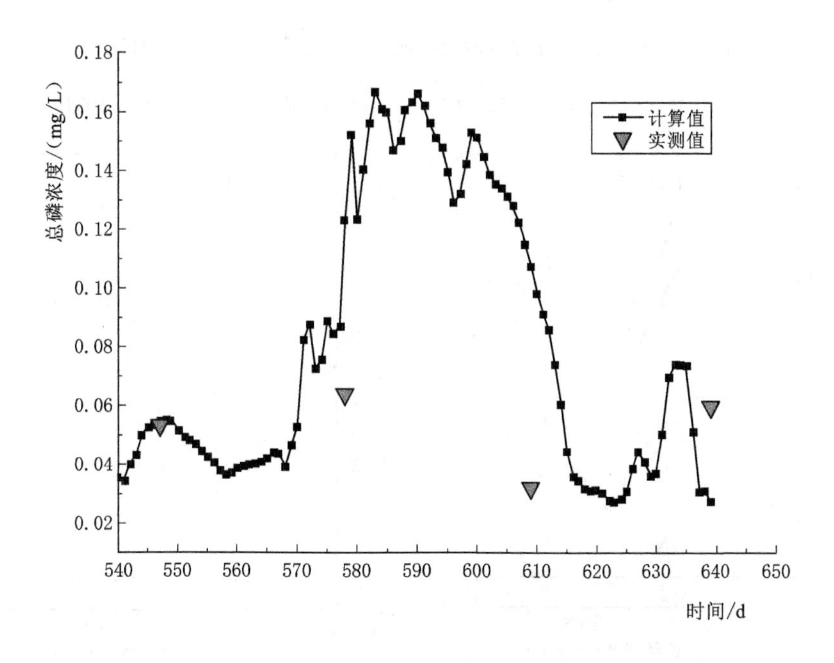

图 5-39 燕子峪断面表层水体总磷浓度验证计算值与实测值对比

图5-40、图5-41为典型断面率定期与验证期总磷浓度垂向分布计算值与实测值对比图，结果表明，模型能较为精确模拟总磷浓度垂向分布。

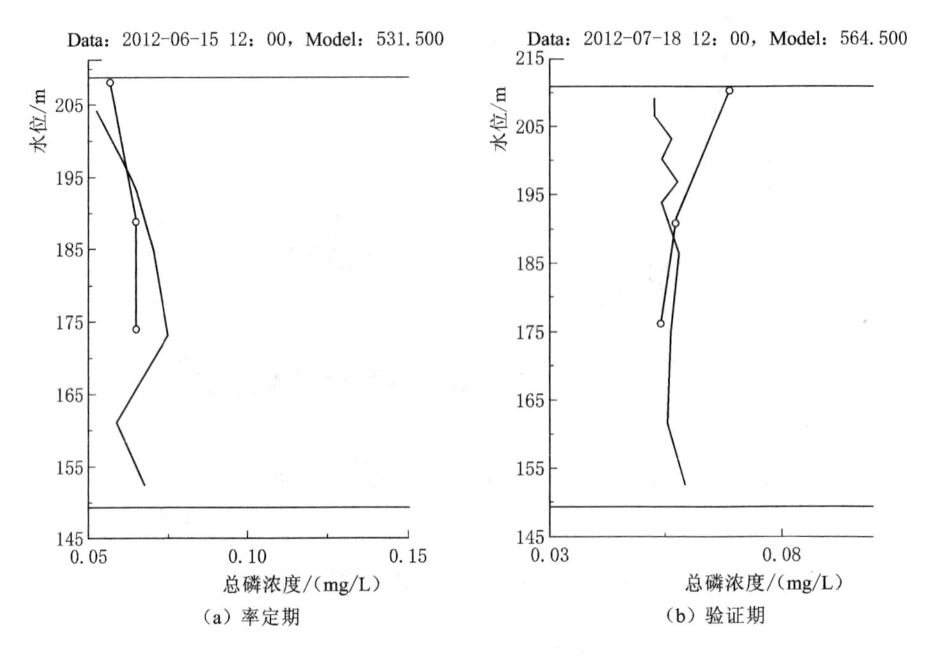

(a) 率定期　(b) 验证期

图5-40　坝前断面总磷浓度垂向分布计算值与模拟值对比

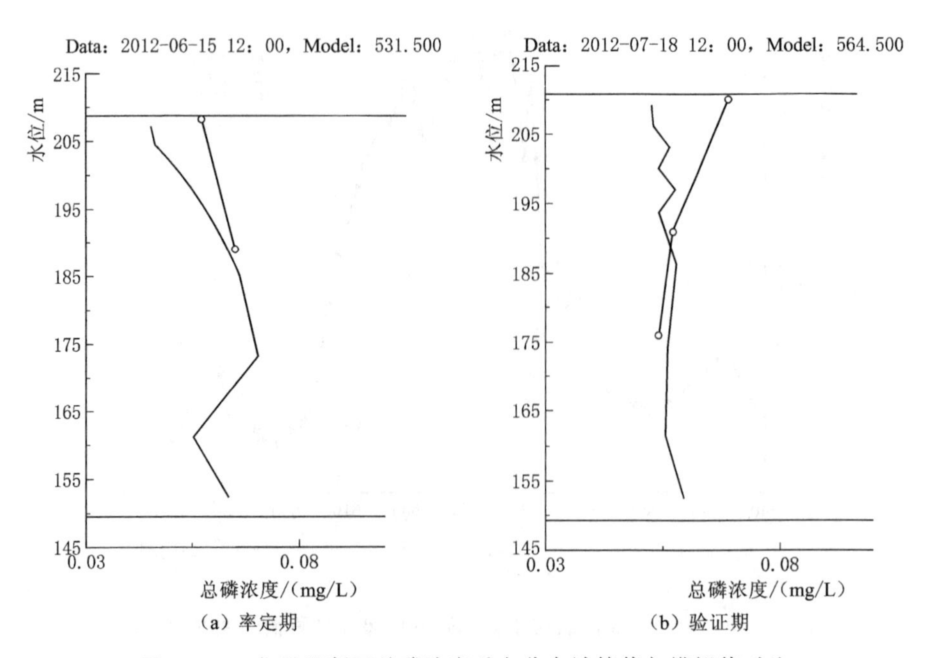

(a) 率定期　(b) 验证期

图5-41　燕子峪断面总磷浓度垂向分布计算值与模拟值对比

图 5－42～图 5－45 为典型断面率定期与验证期总氮浓度时间变化的计算值与实测值对比，模型能较为准确模拟潘家口水库总氮浓度变化。

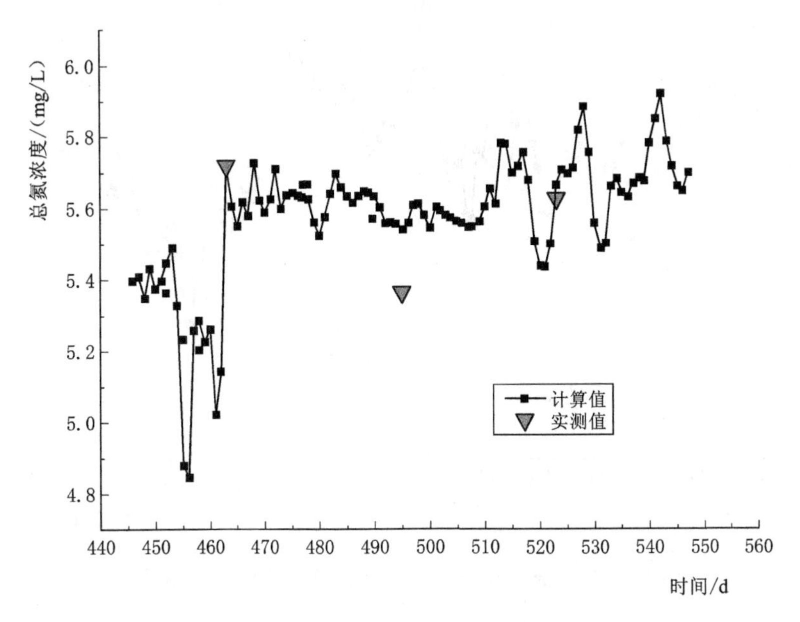

图 5－42　坝前断面表层水体总氮浓度率定结果

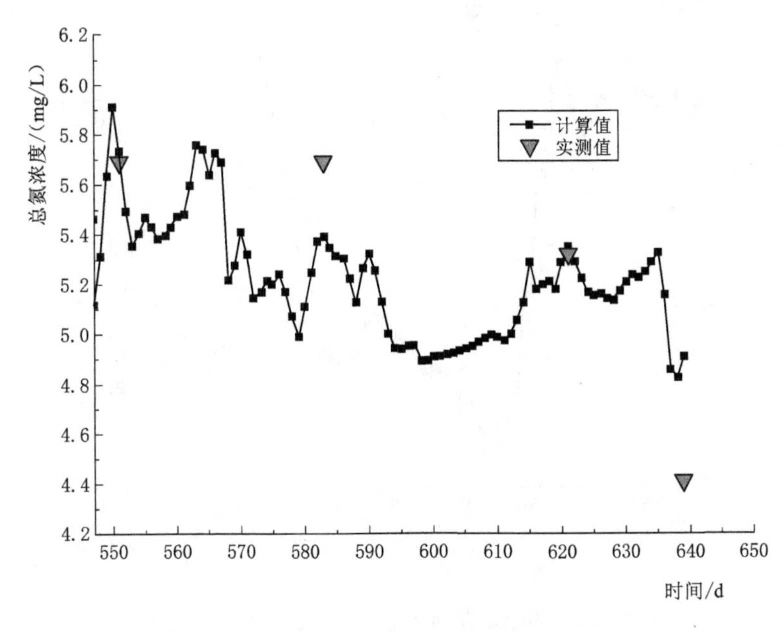

图 5－43　坝前断面表层水体总氮浓度验证结果

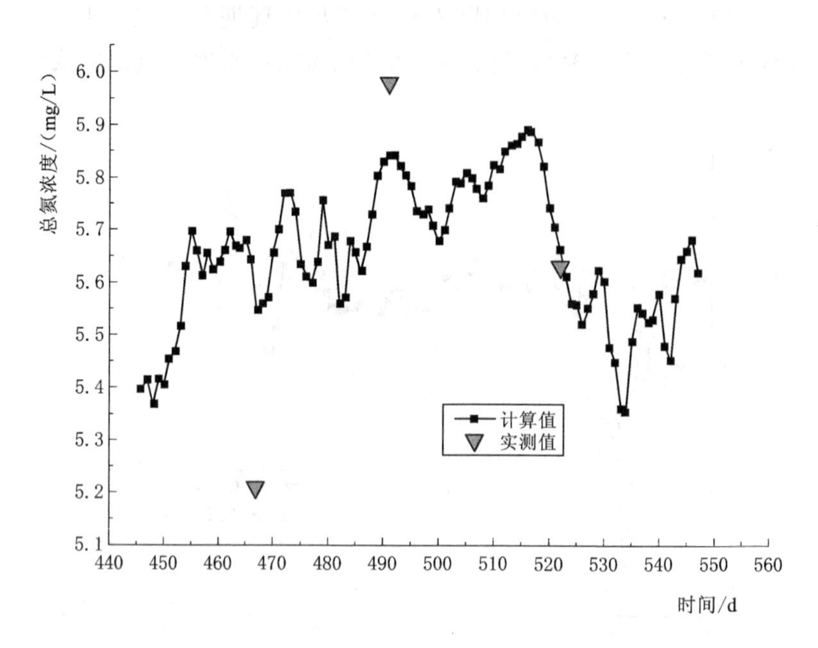

图 5-44　燕子峪断面表层水体总氮浓度率定结果

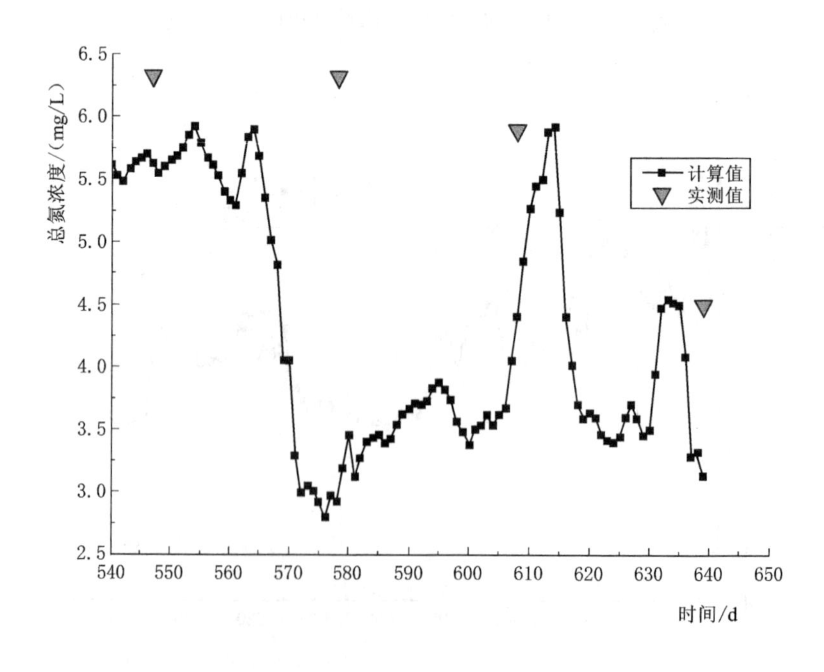

图 5-45　燕子峪断面表层水体总氮浓度验证结果

图 5-46、图 5-47 为坝前断面率定期与验证期总氮浓度垂向分布计算值与实测值对比图。模拟期内总氮浓度维持在 4.41～5.69mg/L 之间，没有明显的季节性变化特征与垂向层化特征，这是由于相比磷元素而言，氮的物质量相对丰富，且有部分藻类有直接从大气中固氮的作用，可以判断，氮元素不是潘家口水库藻类的限制性因子。

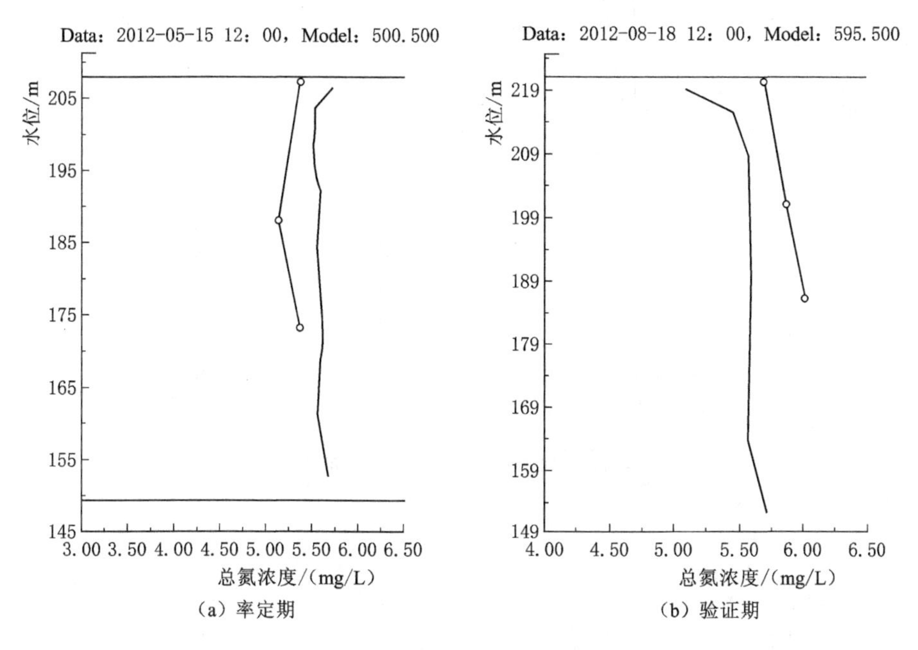

图 5-46 坝前断面总氮浓度垂向分布

5.3.5 叶绿素 a 率定与验证

碳对叶绿素 a 浓度的比例 $CChl_x$ 是 EFDC 模型模拟叶绿素 a 浓度变化的关键指标，参照季振刚等研究结果[81]，经过反复试算，各类形态的碳使用相同的该参数值 $CChl_x=0.05$，通过模拟潘家口水库叶绿素 a 浓度，表征水库藻类生物量的大小。图 5-48～图 5-51 为典型断面率定期与验证期叶绿素 a 浓度时间变化计算值与实测值对比，模型的误差均在可接受范围内。

图 5-52、图 5-53 为典型断面叶绿素 a 浓度垂向过程率定与验证结果对比，坝前断面除表层水体叶绿素 a 浓度误差较大外，模型基本能体现坝前断面叶绿素 a 浓度的垂向变化；燕子峪断面的计算值与实测值则具有较高拟合度，其中表层水体有显著的叶绿素 a 富集现象，也在模型中得到体现。

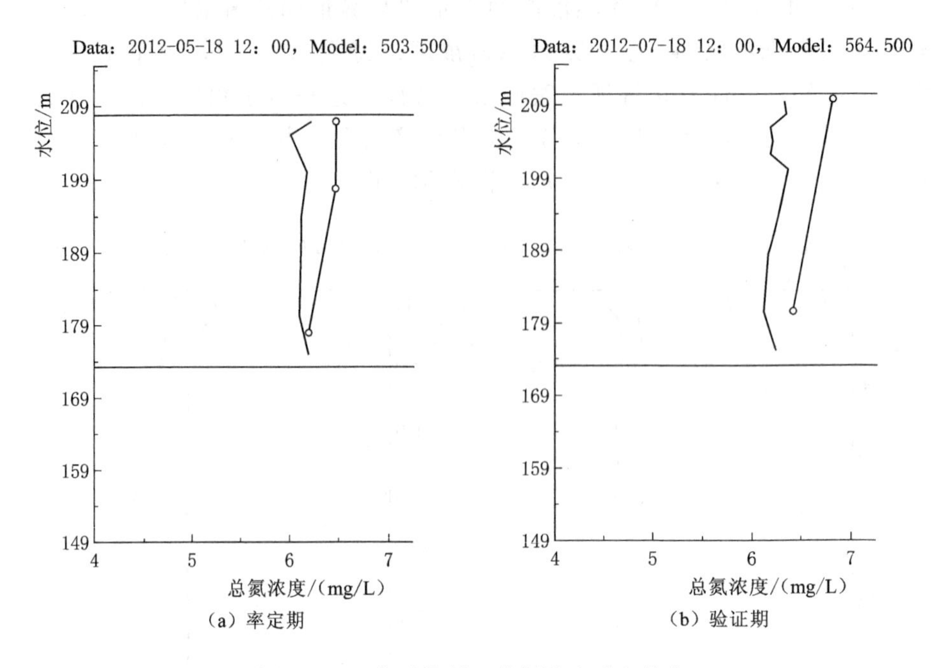

(a) 率定期　　(b) 验证期

图5-47　燕子峪断面总氮浓度垂向分布

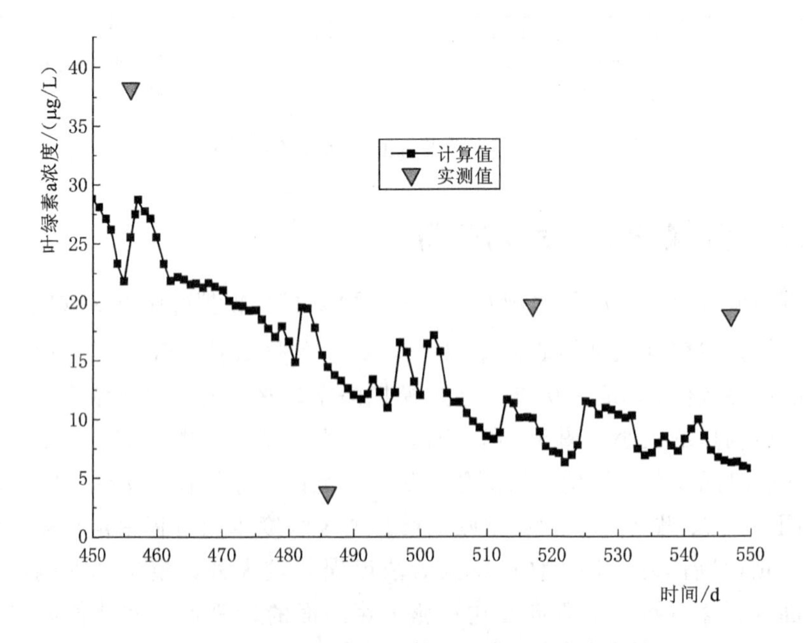

图5-48　坝前断面表层水体叶绿素a浓度率定结果

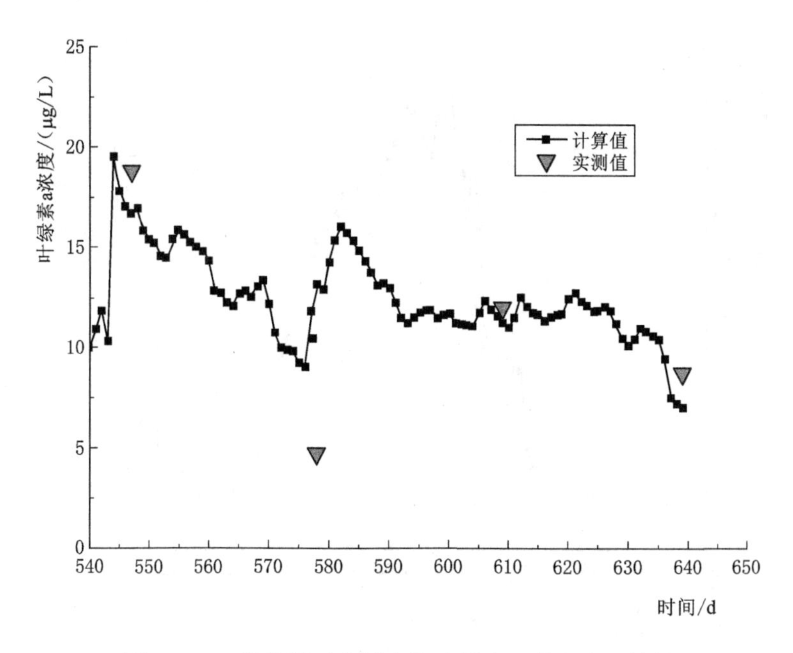

图 5-49 坝前断面表层水体叶绿素 a 浓度验证结果

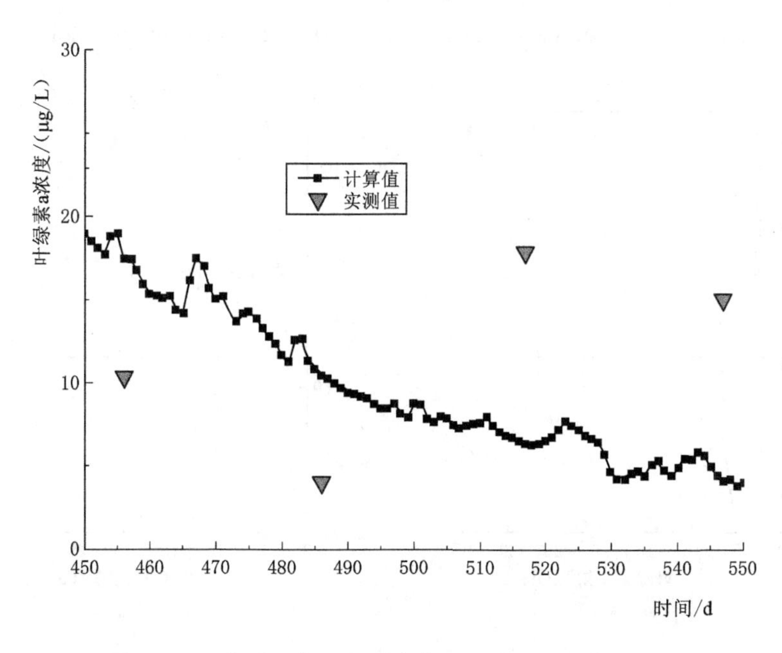

图 5-50 燕子峪断面表层水体叶绿素 a 浓度率定结果

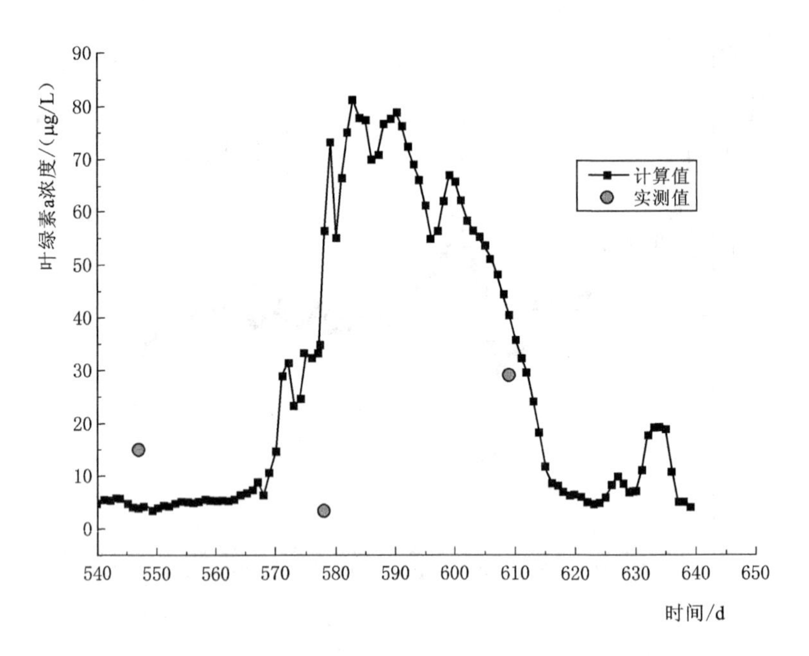

图 5-51　燕子峪断面表层水体叶绿素 a 浓度验证结果

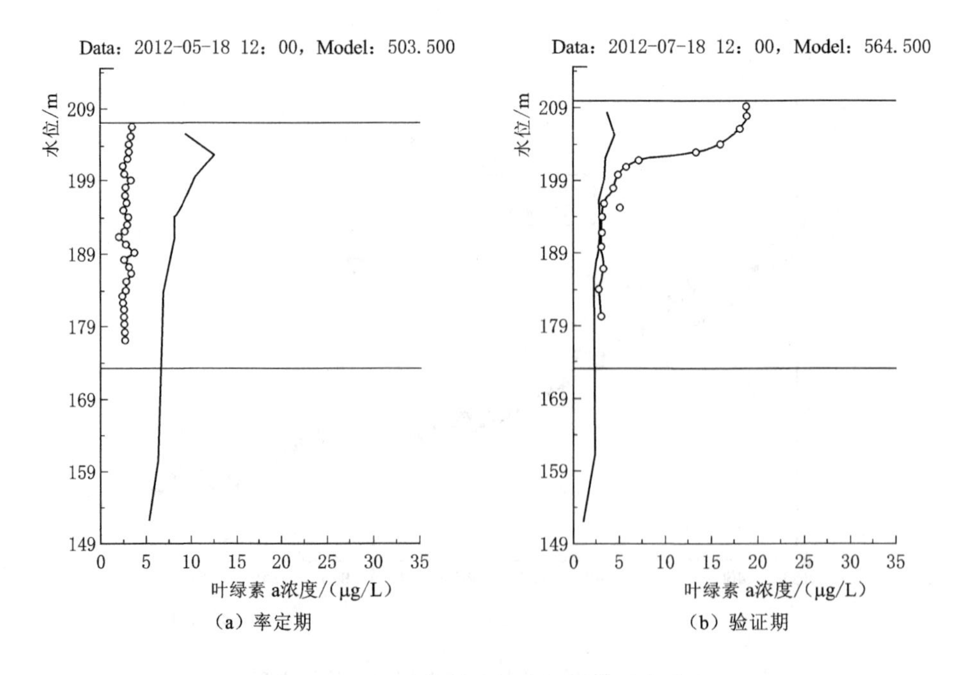

(a) 率定期　　(b) 验证期

图 5-52　坝前断面叶绿素 a 浓度垂向分布

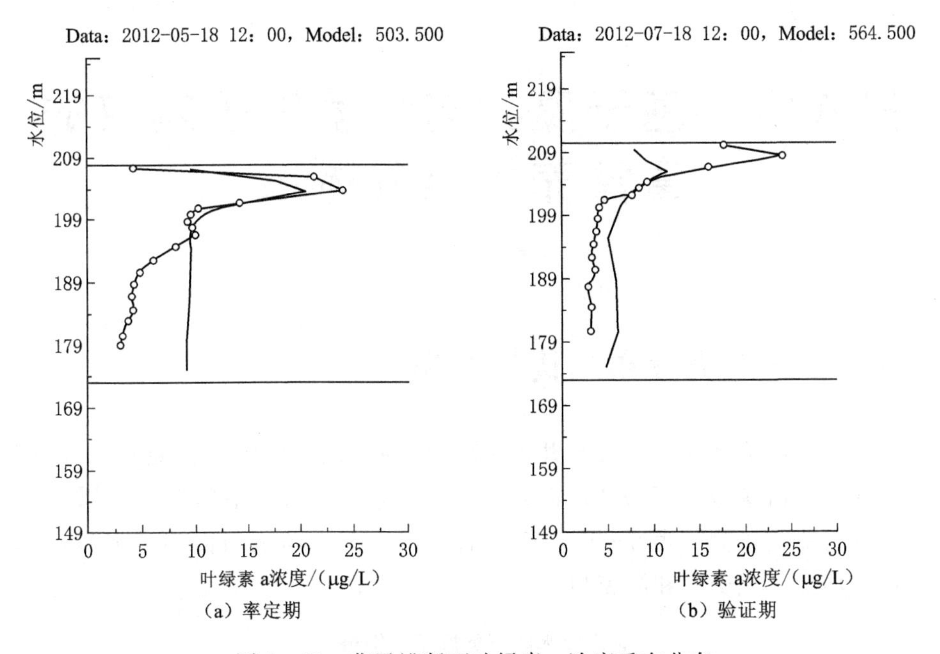

（a）率定期

（b）验证期

图 5-53 燕子峪断面叶绿素 a 浓度垂向分布

第6章 基于藻类与环境因子响应的富营养化控制体系

6.1 库区藻类分布与优势种类

根据水利部水文局《关于开展2010年藻类试点监测工作通知》，海河流域水环境监测中心于2010年5—11月，每月月初至中旬期间对潘家口水库进行藻类监测（表6-1），其中潘家口水库的监测断面为清河口、瀑河口、坝上、燕子峪和潘家口。

表6-1 潘家口水库藻类群落结构组成

门类	科类	属类	门类	科类	属类	门类	科类	属类
蓝藻门	微囊藻科	微囊藻	绿藻门	栅藻科	空星藻	硅藻门	舟形藻科	舟形藻
	颤藻科	颤藻			胶网藻			羽纹藻
		螺旋藻			集星藻			布纹藻
	平裂藻科	平裂藻			栅藻		桥弯藻科	桥弯藻
		欧氏藻			十字藻		平板藻科	平板藻
	念珠藻科	柱孢藻		鼓藻科	棘接鼓藻		脆杆藻科	脆杆藻
		鱼腥藻			角星鼓藻			针杆藻
		尖头藻			新月鼓藻			星杆藻
	色球藻科	色球藻			鼓藻		双菱藻科	双菱藻
	伪鱼腥藻科	假鱼腥藻		衣藻科	衣藻		圆筛藻科	圆筛藻
绿藻门	小球藻科	小球藻			四鞭藻		菱形藻科	波缘藻
		纤维藻		团藻科	实球藻			异极藻
		四角藻			盘藻			双眉藻
		顶棘藻			空球藻		直链藻科	直链藻
		蹄形藻		微胞藻科	微胞藻	金藻门	锥囊藻科	锥囊藻
		多突藻		盘星藻科	盘星藻		单鞭金藻科	单鞭金藻
		多芒藻	甲藻门	角甲藻科	角甲藻		黄群藻科	黄群藻
	小桩藻科	弓形藻		多甲藻科	多甲藻	裸藻门	裸藻科	裸藻
	卵囊藻科	卵囊藻			拟多甲藻			囊裸藻
		浮球藻		裸甲藻科	裸甲藻			扁裸藻
	绿球藻科	微芒藻		薄甲藻科	薄甲藻	黄藻门	黄丝藻科	黄丝藻
	双星藻科	水绵	隐藻门	隐鞭藻科	隐藻			

潘家口水库的藻类监测共8门、35科、65属，其中绿藻门为11科27属，分别占潘家口水库所鉴定科类32.4%和属类的43.6%，硅藻门为8科14属，分别占潘家口水库所鉴定科类32.4%和属类的23.5%，其次为蓝藻门，共6科9属，占属类14.5%，隐藻门和黄藻门种类较少，各为1属；绿藻门的小球藻科种类最多，为6属，其次为栅藻科，为4属。

潘家口水库藻类优势类群在初春主要有星杆藻、针杆藻、角甲藻、拟多甲藻等种类，春末夏初，主要构成类群为隐藻、星杆藻、小球藻等类属，到夏秋季节优势类群为蓝藻门的假鱼腥藻和绿藻门的栅藻、盘星藻、衣藻等类属，秋冬交际时节，假鱼腥藻密度降低，在水体边缘出现大量微孢藻、水绵、黄丝藻等藻类，并聚集形成团状。

潘家口水库微囊藻毒素LR的浓度值在0～0.0812ppb之间，浓度值均未超过饮用水微囊藻毒素LR基准值（1.0ppb），其中最高值囊藻毒素LR的最高值出现在9月份的下池样点，也是在蓝藻占优势的月份。2010年6月，王刚等[81]对滦河承德断面进行浮游植物调查，实地取样监测结果显示，滦河承德断面发现浮游植物共31种，其中，蓝藻门2种，隐藻3种，绿藻门7种，硅藻门17种，甲藻1种，裸藻1种，主要以硅藻和绿藻为主。这些藻类监测数据表明潘家口水库虽然地处我国北方地区，水库富营养化的发生受到诸多因素的限制，但随着水体营养盐浓度的不断升高，水体中富营养化指示藻种为优势种群，水库发生富营养化的风险也日益突出，而且由于其藻类结构组成的复杂性使得水体富营养化预警和治理变得更加困难。

6.2 藻类对水环境因素的响应

适宜的水环境因素是藻类得以生存和大量繁殖的基本条件。由于藻类对水环境因子变化的响应比较敏感，水质状况往往是藻类组成尤其是优势种群变化的客观诱因[82]，因此，藻类已被广泛用来评价河流、湖库等水体的水质状况，甚至作为水污染预警的辅助监测手段之一[83]。一方面，藻类种群的结构对水环境因素具有一定的指示作用，另一方面，水环境因子的改变也会直接影响藻类生长[84]。目前公认的富营养化成因是：缓慢的流速、适宜的温度以及充足的营养盐，给藻类等生物提供丰富的物质基础，使得藻类暴发性增长，在其形成机理研究中，研究最多是水体温度和营养盐与藻类生长直接的关系。水体藻类生长的影响因素如图 6-1 所示。

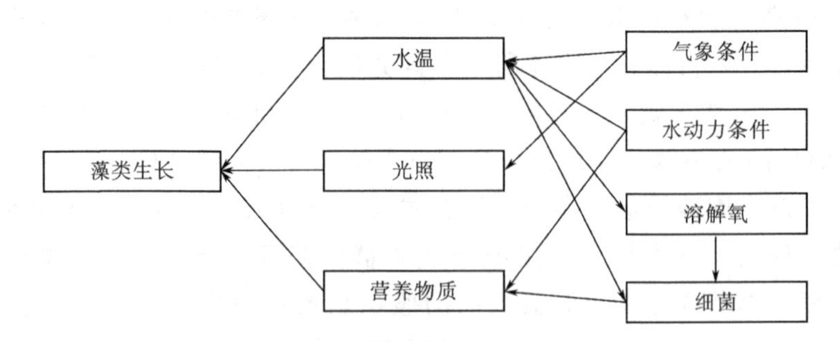

图 6-1　水体藻类生长的影响因素

(1) 温度与光照。水体温度不仅影响到藻类生命的活性，同时也影响其光合作用和新陈代谢的速率，对藻类的正常生长和繁殖发挥着重要的作用。水温一方面会直接影响藻类生长，同时也会间接影响到水体中营养物质浓度，如水温升高，溶解氧降低，导致厌氧细菌活跃，分解出大量氮磷等营养物质。光照强度能够影响藻类的光合作用，直接影响浮游植物的初级生产力，试验结果显示藻类密度最高区域分布在水面及其以下 5 米处，水深越大，光照强度越弱，藻密度越小。

不同藻类对水温和光照的响应也有所差异。研究显示[85]，即使同在硅藻门差异也非常明显，如新月菱形藻最适温度为 20～25℃，铲状菱形藻最适温度为 15℃，而拟菱形藻高密度出现的温度范围为 25～30℃。相关研究发现，水温在 9℃时汉江硅藻繁殖开始活跃，10～17℃为最为适宜的生长环境，而高于 17℃时硅藻将开始被其他好高温水体藻类取代[86]。赵孟绪等[87]的试验证明多数蓝藻生长的最适温度范围为 25～35℃，温度低于 15℃时其正常生长受到限制，较高的水温有利于蓝藻成为优势种群。谭啸等[88]研究发现硅藻和绿藻在 9℃开始复苏，蓝藻在 12.5℃开始复苏，但是蓝藻复苏后的比生长速率高于绿藻和硅藻；12.5℃以后，藻类种群主要由蓝藻、绿藻和硅藻组成，在 12.5℃和 16℃时绿藻占优势，蓝藻在 19.5℃以后占优势。黄漪平[89]研究了温度对太湖梅梁湾浮游植物初级生产力的影响，得出 25℃为浮游植物最适生长温度。华锦彪等[90]在洋河水库的围隔实验证实 26℃的水温最适宜于微囊藻的聚集、上浮而形成水华。蓝绿藻的最佳生长温度高于其他藻类[91]，夏季生长旺盛，同时蓝藻细胞体内除了具有叶绿素外，还同时具有藻胆蛋白，比其他藻类更宽的光吸收波段[92]。蓝藻仅需较少的能量就能维持其细胞的结构和功能，在较低的光照条件下蓝藻可以比其他藻类具有更高的生长速率。

对于潘家口水库而言，初春时期水库水温较低，5 月之前库区水温在 10℃以下，不利于蓝藻的生长，此时硅藻为水体的优势藻种；夏秋季节库区表层水温大多介于 20～25℃之间，根据数学模型计算结果，水体表层水温在部分时段会短时间内保持在 27℃左右，接近或者超过蓝绿藻的最佳生长温度，蓝绿藻慢慢取代硅藻成为水体的优势藻种，这也与水库的藻类监测资料相一致，因此，水库春季的主要防范对象是硅藻，夏秋季节的主要防范对象为蓝绿藻。

(2) 营养盐。营养盐是藻类等水生生物赖以生存的必需要素，水体的营养盐水平与藻类种群的结构和数量息息相关，正是由于水体藻类特征与水环境的敏感对应关系，相关学者也根据藻类的种群和数量来定量重建水环境要素。杨丽标等[84]对巢湖藻类群落与环境因子关系的典范对应分析 (CCA) 结果显示：蓝藻门的铜绿微囊藻、水华束丝藻和水华鱼腥藻，绿藻门的湖生卵囊藻、十字藻，硅藻门的舟型藻、针杆藻均与 TP 有强烈的正相关，硅藻门的小环藻与 TN 浓度负相关，TP 浓度是影响巢湖藻类种群分布格局的主要因素。金藻与氮和磷有明显的负相关关系，说明金藻适合生长于氮磷含量低的水体中[93]。卢碧林等[94]研究发现洪湖水体中氮磷等营养盐均不是藻类生长的限制因子，回归方程显示蓝藻生长主要受水温、COD_{Mn}和透明度 (SD) 控制，绿藻生长主要受水位、水温和 COD_{Mn}影响，而硅藻生长主要决定于水体 COD_{Mn}。

藻类大量生长离不开营养盐，但并不是说营养盐浓度越高藻类生长越旺盛。即使是最常见的蓝藻和绿藻适宜生长的营养盐质量浓度范围也是不同，任何能够引起水华的藻类都有其特定的最适宜的营养盐浓度范围[95]。而且当水体营养盐超过一定浓度阈值时，其浓度值的减少并不会成为藻类大量生长的限制因素，如降低水体中磷浓度但保持大于 0.01mg/L 时，藻类生物量并不会减少[96]，而美国 EPA 建议水库和湖泊磷浓度的上限为总磷浓度——0.025mg/L 和正磷酸盐浓度——0.05mg/L。许海等[97]研究也发现，并不是磷质量浓度越高，微囊藻越易成为优势种，其生长有一个最适宜的营养盐范围。易文利等[98]研究认为磷的质量浓度 0.445mg/L 为微囊藻最适生长质量浓度。朱伟等[99]通过室内实验研究了温度和营养负荷对浮游植物种群的组成和演替规律，结果显示浮游植物的种群组成受到营养盐浓度的影响，过高的营养盐浓度和温度都可能会对藻类的生长产生胁迫作用，营养盐浓度偏低的水体蓝藻易成为优势种群，营养盐浓度偏高的水体绿藻易成为优势种类，同时，在不同营养盐条件下不同藻种之间也会表现出相生相克的现象。营养盐的结构对于藻类的生长也具有一定的影响，一般认为氮磷浓度比超过10时，磷可能为藻类大量繁殖的限制因子，相关研究发现当氮磷比值为12：1时，藻类的增殖速度最快，藻类数量达到峰值的时间也最短，并且藻类浓度也是最大的[100]。此外，某些研究还认为可溶性氮磷比值29：1为蓝藻主导藻类群落的临界值，低于此值时蓝藻可迅速增长，成为藻类的主导藻种。

具体到潘家口水库而言，金藻作为清洁水体的代表种，在潘家口水库中非常少见，而富营养化水体的代表种——蓝藻门和绿藻门在夏秋阶段是潘家口水库的优势藻种，表明近年来由于各种人为干扰，潘家口水库的富营养化不断加剧。实测数据中氮磷比值远大于29：1，因此潘家口水库藻类群落是由绿藻主导，这也与实测藻类数据相吻合。如3.2节和3.3节所述，潘家口水库水体营养盐浓度较高，总磷和总氮浓度均大幅超过水功能区的水质标准，在此背景下，潘家口水库水体优势藻类生长的决定因素如图6-2所示。试验期总磷浓度介于0.04～0.353mg/L之间，小于微囊藻0.445mg/L的最适生长浓度，因此水体中的微囊藻毒素含量并未超过饮用水基准值。

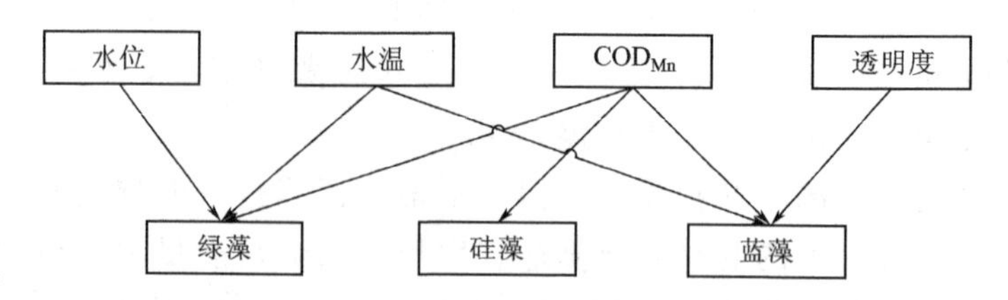

图6-2　潘家口水库水体优势藻类生长的决定因素

6.3　水库富营养化控制体系

水体出现富营养化是一个量变到质变的过程，水库富营养化现象的出现和治理都不是一蹴而就的，因此，预防和治理水体富营养化需要经济、管理、技术等手段并用，统筹兼顾，多管齐下。为防范潘家口水库水体富营养化，结合潘家口水库自然禀赋和水质本底状况，需要从营养盐入库负荷削减、营养盐浓度和水环境因子预测与预警以及应急调度等方面制定水库的富营养化控制体系，如图6-3所示。

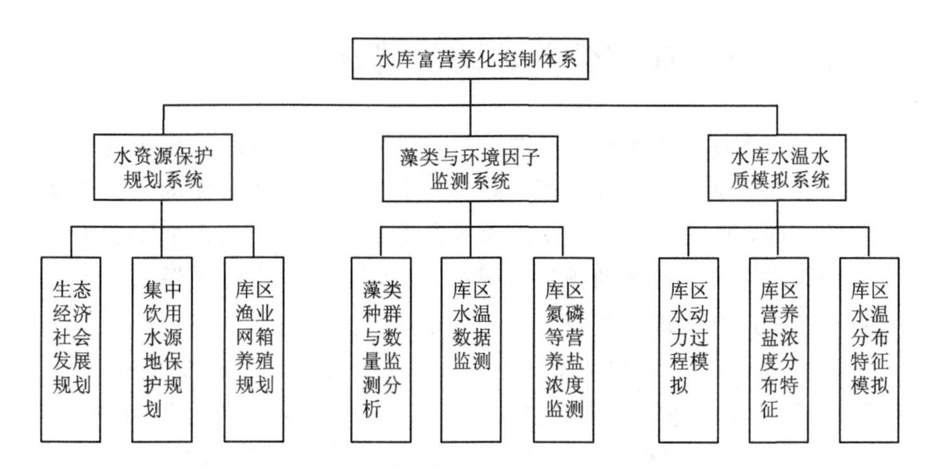

图 6-3 水库富营养化控制体系结构

要有效减少入库营养盐负荷，还需规划先行。资源节约型、环境友好型社会建设是为解决我国经济发展与生态环境保护之间矛盾提出的新要求，在集中饮用水源地要高度重视生态农村、生态农业的建设的重要性，牢固树立生态环保的理念，科学规划和布局生产力结构。水源地保护规划要坚持系统、循环的原则，针对重点区域，围绕源头减排、过程控制和末端治理的总方针，进一步提高水质保障水平。库区渔业养殖是水体富营养盐污染的重要内源，要在实地考察的基础上统一规划库区的养殖规模、养殖区域等要素，既要充分发挥水体的生产力，又不超过库区的承载力，实现渔业养殖与供水效益的双赢。

藻类与相关环境因子的监测是开展水库富营养化研究和治理的最直接手段，其监测数据来源直接、信息量大，是开展水质研究和水华预警的重要基础。温度和营养盐浓度是藻类大量繁殖的重要环境因子，在开展藻类种群和数量监测的同时，还要对水体温度、总磷总氮等营养盐浓度进行同步监测。

水库二维水温水质模型是水体富营养化防治的重要工具，基于此可以清晰地了解到水库不同区域的流速、温度以及营养盐的分布，可以识别出水库最容易出现藻类大量增殖的关键区域和可能时间段，可以模拟出水库不同位置流速、温度以及营养盐的变化过程，当水华暴发的外在条件具备时，可以提前启动水库应急预案，将其带来的危害和损失减低到最小水平。

6.4　潘家口水库富营养化防治建议

（1）完善的饮用水源地水资源保护与渔业发展规划。水库中的营养盐主要来源为人类活动所带入的氮、磷等营养物质，其为藻类的大量增殖提供了物质基础，因此，设法减少氮磷等营养盐的入库负荷是抑制藻类大量生长的最根本措施。近来的排污口调查显示，潘家口水库上游基本上已没有工业点源排放，实现了工业污染的零排放。

调查发现，库区农村人口稀少，生活较简朴，养有少量家禽和猪羊等，库区居民大多以渔业为生，部分农户在旅游季节提供餐饮服务，库区存在少量的农业种植区。尽管居民生活用水及排水量不大，但人们普遍环保意识普遍较差，生活垃圾，粪便等直接排放，最终随降雨进入水库。另一方面，渔业养殖也是潘家口水库重要污染源之一，网箱养鱼兴起于20世纪80年代，目前已经遍布整个库区，养殖面积达到库区水面面积的1.7%，有1.7万～2.5万箱。库区水面分属潘家口水库管理局、唐山市迁西县和承德市宽城县管辖，渔业管理混乱，发展无序的渔业养殖给库区的水环境造成很大的负面影响，对水库的供水安全构成重大威胁。要解决水体营养盐浓度偏高的问题，还需规划先行。

推广农村沼气，既是解决农村能源问题的一条重要途径，也是新农村建设的一项重大举措。鼓励和支持建立家庭式沼气池，既处理了人畜禽粪便，为居民生活提供了能源，还可以大大降低污染物入库量。同时，对库区居民进行环保宣传，推广无磷洗涤剂的使用，加强生活垃圾的无害化处理和重复利用。要加强旅游旺季的垃圾管理，提倡绿色旅游，实现垃圾定时清理。

水库要制定渔业养殖发展规划，以规范渔业养殖管理。潘家口水库围栏试验研究表明[101]，投放饵料可以有效促进藻类生长，促进藻类向单一种属演替，形成蓝藻或绿藻优势种。各地区渔业主管部门要高度重视渔业养殖对于水源地保护的重要性，努力形成协作机制，合理划定渔业养殖区和富营养化控制区，在水库富营养化控制区要坚决取缔投饵网箱。加强渔业投放饲料指导，发展生态渔业，控制浮游生物过量生长，预防水体富营养化。

（2）加强水环境因子及藻类的监测力度。正如6.2节所述，水环境因子与藻类种群数量与结构具有一一对应的关系，因此开展总磷、总氮等营养盐浓度和藻类监测是水库水质管理的重要组成部分。根据水利部水文局《关于开展2010年藻类试点监测工作通知》，海河流域水环境监测中心于2010年5月起，对潘家口水库开展藻类监测工作，并将藻类监测结果纳入海河流域水环境公报项目。

水华的暴发不仅需要氮、磷以及合适的营养盐结构条件，还涉及温度、流速、光照等诸多因素的共同影响，而且这些众多的要素还要满足一定的耦合关系，可以说水华是水生态系统中营养因子和环境因子综合作用的产物[102]。因此，要重视对潘家口水库富营养化指标的监测，如总磷、总氮、高锰酸盐指数、透明度等，也要加强对水库藻类数量、种类以及结构特征的监测。

监测数据显示，潘家口水库水体已经处于轻度富营养状态，总磷、总氮等指标严重超标。年度内水库的优势藻类从硅藻演变为绿藻主导的蓝绿藻种群，蓝藻难以大量增殖的原因主要是受总磷浓度和温度的制约。因此，在水库水质管理中，除正常完成水库水环境指标监测外，还要实时监测藻类数量和种群的变化特征，尤其要增加对富营养化控制关键区域的监测频率。

(3) 完善水库富营养化预警与应急机制。相关研究表明[103-104]，藻类生物量的增加并不是突发事件，在水华暴发之前，水体中就已经存在大量的藻类群体，遇到适宜的条件，藻类积聚上浮即形成水华。因此水库水华预报预警的关键技术就是基于优势藻类识别和水温水质二维模拟的水环境因子阈值的确定和应急除藻方案的设置，在识别出的富营养化控制关键区域内开展营养盐浓度监测和藻类的种群和数量监测，做到营养状态早发现、藻类暴发早预警、不利影响早消除，通过一系列的控制措施将水体富营养化和水华带来的损失降低到最小。

图6-4为潘家口水库水华暴发预警机制。首先，根据水库实测藻类数据，明确各时段不同区域的优势种群及其生长环境的最适区间，其次，根据水库二维数学模型计算出水库水温和营养盐的分布特征，以确定水库富营养化控制的关键区域和水温、营养盐浓度的警戒阈值。当藻类和水环境因子没有超过阈值时也不能懈怠，也应加强对藻类、气象、营养盐等指标的监测力度。当藻类和水环境因子超过所设的阈值时就要启动水库富营养化应急预案：通过物理、化学、生物等手段降低水体藻类数量，通过水库应急调度增加水体流动性以减少藻类的聚集，通过机

械搅动水体增加水体溶解氧浓度以降低鱼类的死亡率等。

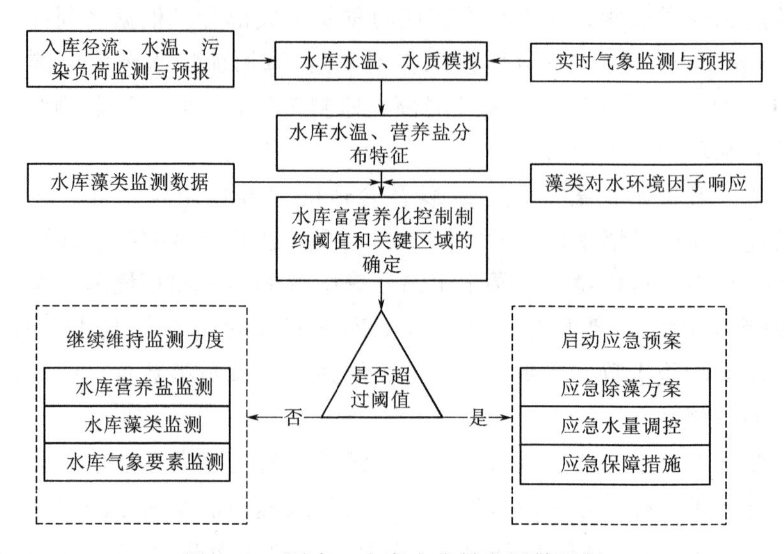

图6-4　潘家口水库水华暴发预警机制

参 考 文 献

[1] 中华人民共和国水利部．全国水利发展统计公报 2018 [M]. 北京：中国水利水电出版社，2019.

[2] 刘中锋．水库立面二维水质模型研究 [J]. 广东水利水电，2010 (10)：26 - 30.

[3] 刘仲桂．水库水温与水稻丰产灌溉 [M]. 北京：水利电力出版社，1985.

[4] 方子云．水利建设的环境效应分析与量化 [M]. 北京：中国环境科学出版社，1993.

[5] 高忠信，张东．水库水环境数值模拟 [M]. 北京：地震出版社，2005.

[6] 金相灿．湖泊富营养化控制管理技术 [M]. 北京：化学工业出版社，2001.

[7] 崔广柏，刘凌，姚琪，等．太湖流域富营养化控制机理研究 [M]. 北京：中国水利水电出版社，2009.

[8] 余晓，诸葛亦斯，刘晓波，等．大型深水水库溶解氧层化结构演化机制 [J]. 湖泊科学，2020，32 (5)：1496 - 1507.

[9] 谢奇珂．河流型深水库水温结构昼夜性与季节性变化规律研究 [D]. 北京：清华大学，2018.

[10] 李怀恩．水库水温数学模型研究与黑河水库水温预测 [D]. 西安：西安理工大学，1988.

[11] 中华人民共和国水电部标准．水利水电工程水文计算规范 [M]. 北京：水利水电出版社，1985.

[12] 张大发．水库水温分析及计算 [J]. 水文，1984 (1)：19 - 27.

[13] 朱伯芳．库水温度估算 [J]. 水利学报，1985 (2)：12 - 21.

[14] 李怀恩．分层型水库的垂向水温分布公式 [J]. 水利学报，1993 (2)：43 - 49.

[15] 胡平，刘毅，唐忠敏，等．水库水温数值预测方法 [J]. 水利学报，2010，41 (9)：1045 - 1053.

[16] 杨学倩，朱岳明．水库水温计算方法综述 [J]. 人民黄河，2009，31 (1)：41 - 42.

[17] ORLOB G T. Mathematical modeling of water quality：streams，lakes，and reservoirs [J]. ⅡASA international series on applied systems analysis，1983，12：518.

[18] ORLOB G T，SELNA L G. Temperature variation in deep reservoirs [J]. Journal of the Hydraulics Division，ASCE，1970，96 (2)：391 - 410.

[19] HARLEMAN D R F. Hydrothermal Analysis of Lakes and Reservoirs [J]. ASCE，1982，108 (3)：301 - 325.

[20] HUBER W C，HARLEMAN D R F. Temperature Prediction in Stratified Reservoirs [J]. ASCE，1972，98 (4)：645 - 666.

[21] 范乐年，刘新之．湖泊、水库和冷却池水温预报通用模型．水利水电科学研究文集——第 17 集（冷却水）[G]. 北京：水电出版社，1984.

[22] STEFAN H G，FORD D E. Temperature Dynamics in Dimictic Lakes [J]. ASCE，

1975, 101 (1): 97 - 114.

[23] FORD D E, STEFAN H G. Thermal Prediction Using Intergral Energy Model [J]. ASCE, 1980, 106 (1): 39 - 55.

[24] EDINGER J E, BUCHAK E M. A hydrodynamic, two - dimensional reservoir model: the computational basis. Prepared for US Army Engineer, Ohio River Division, Cincinnati, Ohio, 1975.

[25] COLE T, BUCHAK E. CE - QUAL - W2: A Two - Dimensional, Laterally Averaged, Hydrodynamic and Water Quality Model, Version 2.0, Technical Report EI - 95 - 1, US Army Engineering and Research Development Center, Vicksburg, MS, 2002.

[26] KUO J T, WU J H, CHU W S. Water quality simulation of Te - Chi Reservoir using two - dimensional models [J]. Water Sci. Tech., 1994, 30 (2): 63 - 72.

[27] JOHNSON B H. A review of multidimensional reservoir hydrodynamic modeling [C]. Proc. of the Symp. on Surface Water Impoundments, H F Stefan ed., ASCE, 1980: 497 - 507.

[28] JOHNSON B H. A review of numerical reservoir hydrodynamic modeling [R]. U. S. Army Engr. Waterways Exeriment Station, Vicksburg, Miss, 1981.

[29] KARPIK S R, RAITHBY G D. Laterally averaged hydrodynamics model for reservoir predictions [J]. Journal of Hydraulic Engineering, 1990, 116 (6): 783 - 798.

[30] 陈小红．湖泊水库垂向二维水温分布预测 [J]. 武汉水利电力学院学报，1992，25 (4)：376 - 383.

[31] 雒文生，周志军．水库垂直二维湍流与水温水质耦合模型 [J]. 水电能源科学，1997，15 (3)：1 - 7.

[32] 邓云，李嘉，罗麟．河道型深水库的温度分层模拟 [J]. 水动力学研究与进展 (A辑)，2004，19 (5)：604 - 609.

[33] 邓云，李嘉，罗麟，等．水库温差异重流模型的研究 [J]. 水利学报，2003 (7)：7 - 11.

[34] 张士杰，刘昌明，王红瑞，等．水库水温研究现状及发展趋势 [J]. 北京师范大学学报 (自然科学版)，2011，47 (3)：316 - 320.

[35] 陈永灿，黄光伟，玉井信行，等．日本谷中湖水流及水质特性分区模拟分析 [J]. 中国环境水力学，2002：15 - 21.

[36] 李凯．三峡水库近坝区三维流场温度场数值模拟 [D]. 北京：清华大学，2005.

[37] 李兰，武见．梯级水库三维环境流体动力学数值预测和水温分层与累积影响规律研究 [J]. 水动力学研究与进展，2010，25 (2)：155 - 164.

[38] HEISKARY STEVEN A, WILLIAM W, WALKER Jr. Estabilishing a Chlorophyll - a goal for run - of - the - river reservoir [J]. Lake and Reser. Manage. 1995, 11 (1): 67 - 76.

[39] CELIK K. The relationships between chlorophyll - a dynamics and certain physical and chemical variables in the temperate eutrophic Çaygören Reservoir, Turkey [J]. Iranian Journal of Fisheries Sciences, 2013, 12 (1): 127 - 139.

[40] 刘镇盛，王春生，倪建宇，等．抚仙湖叶绿素a的生态分布特征 [J]. 生态学报，2003，23 (9)：1773-1780.

[41] 周连成，陈军，孙记红，等．基于CBERS-1影像监测太湖叶绿素a浓度的季节分布状况 [J]. 光谱学与光谱分析，2011，31 (2)：530-534.

[42] 韩立妹，肖捷颖，王宇游，等．北方典型水库型水源地水体叶绿素a浓度含量遥感监测研究 [J]. 2012，20 (9)：1243-1247.

[43] 胡韧，林秋奇，段舜山，等．热带亚热带水库浮游植物叶绿素a浓度与磷分布的特征 [J]. 生态科学，2002，21 (4)：310-315.

[44] 韩新芹，叶麟，徐耀阳，等．香溪河库湾春季叶绿素a浓度动态及其影响因子分析 [J]. 水生生物学报，2006，30 (1)：89-94.

[45] 王玲玲，戴会超，蔡庆华．香溪河水动力因子与叶绿素a分布的数值预测及相关性研究 [J]. 应用基础与工程科学学报，2007，17 (5)：652-658.

[46] 武国正，刘炳义，徐宗学，等．基于EFDC模型的水华预警机理研究——以北京市稻香湖为例 [C]//第十三届世界湖泊大会论文集．北京：中国环境学学会、中国环境保护产业协会，2009：1110-1114.

[47] 李怀恩．分层型水库的溶解氧 (DO) 模型发展状况 [J]. 人民长江，1988，(5)：16-20.

[48] 杨传智．垂向一维水质模型及在龙滩水库的应用 [J]. 水资源保护，1991 (3)：26-34.

[49] 余明，方子云．网箱养鱼的污染负荷及水质预测模型 [J]. 水资源保护，1990 (3)：5-12.

[50] 陈俊合，陈小红．水库三维Fe、Mn迁移模型——阿哈水库实例研究 [J]. 水科学进展，1999，10 (1)：14-19.

[51] 陈小红，刘美南，林艳珊．水库垂向二维水质分布研究 [J]. 水利学报，1997 (4)：9-16.

[52] 江春波，张庆海，高忠信．河道立面二维非恒定水温及污染物分布预报模型 [J]. 水利学报，2000 (9)：20-24.

[53] 郭磊，高学平，张晨，等．北大港水库水质模拟及分析 [J]. 长江流域资源与环境，2007，16 (1)：11-16.

[54] 徐明德，钮键，潘韩智，等．册田水库水质模拟与污染控制研究 [J]. 中国农村水利水电，2011 (4)：57-61.

[55] 黄国如，芮孝芳．官厅水库水质模型研究 [J]. 水科学进展，1999 (1)：20-24.

[56] 刘中锋．水库立面二维水质模型研究 [J]. 广东水利水电，2010 (10)：26-30.

[57] 冯民权．大型湖泊水库平面及垂向二维流场与水质数值模拟 [D]. 西安：西安理工大学，2003.

[58] Tim A W, ROBER B Ambrose, JAMES L Martin, et al. Water quality analysis simulation program (WASP) version 6.0, DRAFT; User's manual [M]. region 4 Atlanta, GA. USEPA. MS Tetra Tech, Inc, 2001.

[59] 胡治飞，张振兴，郭怀成，等．北京市官厅水库水质预报系统 [J]. 中国环境科学，2001，21 (3)：275-278.

[60] 贾海峰．GIS强化的水库水质模拟及其在密云水库中的应用研究 [D]. 北京：清华大学，1999.

[61] 李杰. Falls Lake 水库水质的数值模拟研究及分析 [D]. 青岛：中国海洋大学，2010.

[62] 潘晓东. 桃山水库水质数值模拟研究 [D]. 长春：吉林大学，2008.

[63] 吉灯才. 云南糯扎渡水库水质预测研究 [D]. 西安：西安理工大学，2004.

[64] 顾莉，华祖林，何伟，等. 河流污染物纵向离散系数确定的演算优化法 [J]. 水利学报，2007，38（12）：1421-1425.

[65] 李锦秀，黄真理，吕平毓. 三峡库区江段纵向离散系数研究 [J]. 水利学报，2000（8）：84-87.

[66] 孙鸿烈. 发挥优势，提高野外观测试验水平 [J]. 中国科学院院刊，1987（1）：5-9.

[67] 中国生态系统研究网络科学委员会. 水域生态系统观测规范 [M]. 北京：中国环境科学出版社，2007.

[68] 汤国安，杨昕. ArcGIS 地理信息系统空间分析实验教程 [M]. 北京：科学出版社，2006.

[69] REDFIELD A C，KETCHUM B Ⅱ，RICHARDS F A. The influence of organisms on the composition of sea water [C]. In：M N Ⅱ ill（Ed.）. The sea Interscience [C]. New York，1963：26-27.

[70] VOLLENWEIDER R A. Elemental and biochemical composition of plankton biomass：some comments and explorations [J]. Arch Hiydrobiol，1985，105：11-29.

[71] 李小平. 美国湖泊富营养化的研究和治理 [J]. 自然杂志，2002，24（2）：63-68.

[72] JUSTIC D，RABALAIS N N，TURNER R E，et al. Changes in nutrient structure of rive-dominated coastal waters：stoichiometric nutrient balance and its consequences [J]. Estuarine Coastal and Shelf sci，1995，40：339-356.

[73] 张永龙，庄季屏. 农业非点源污染研究现状与发展趋势 [J]. 生态学杂志，1998，17（6）：51-55.

[74] 尹澄清，毛战坡. 用生态工程技术控制农村非点源污染 [J]. 应用生态学报，2002，13（2）：229-232.

[75] 窦培谦，王晓燕，王丽华. 非点源污染中氮磷迁移转化机理研究进展 [J]. 首都师范大学学报（自然科学版），2006，27（2）：93-98.

[76] 吴春艳. 土壤磷在农业生态系统中的迁移 [J]. 东北农业大学学报，2003，34（2）：210-218.

[77] 江春波，张庆海，高忠信. 河道立面二维非恒定水温及污染物分布预报模型 [J]. 水利学报，2000，31（9）：20-24.

[78] 李玮. 水库垂向二维水温模拟研究与应用——以潘家口水库为例 [D]. 北京：中国水利水电科学研究院，2011.

[79] MOHSENI O，STEFAN H G，ERICKSON T R. A Nonlinear Regression Model for Weekly Stream Temperatures [J]. Water Resour. Res. 1998，34（10）：2685-2692.

[80] 吴敏，黄岁樑，杜胜蓝，等. 投饵养鱼对潘家口水库水质影响围隔试验Ⅰ：氮素 [J]. 水利学报，2013，44（9）：1030-1036.

[81] 季振刚．水动力学和水质-河流．湖泊及河口数值模拟［M］．北京：海洋出版社，2012.

[82] HAMBROOK J A. Bioassessment of stream water quality using benthic and planktonic algae collected along an urban intensity gradient in the Eastern Corn belt Plains Ecoregion，Ohio，USA［J］. Journal of Phycology，2002，38：14－15.

[83] GABRIELLE THIÉBAUT，GUILLAUME TIXIER，FRANCOIS GUÉROLD，et al. Comparison of different biological indices for the assessment of river quality：application to the upper river Moselle（France）［J］. ydrobiologia，2006，570：159－164.

[84] 杨丽标，韩小勇，孙璞，等．巢湖藻类组成与环境因子典范对应分析［J］．农业环境科学学报，2011，30（5）：952－958.

[85] 丁蕾，支崇远．环境对硅藻的影响及硅藻对环境的监测［J］．贵州师范大学学报（自然科学版），2006，24（3）：13－16.

[86] 刘晓云，吴青文，李启杰．汉江武汉段水质评估［C］//中国环境保护优秀论文集．北京：中国环境科学出版社．2005：816－821.

[87] 赵孟绪，韩博平．汤溪水库蓝藻水华发生的影响因子分析［J］．生态学报，2005，25（7）：1554－1561.

[88] 谭啸，孔繁翔，于洋，等．升温过程对藻类复苏和群落演替的影响［J］．中国环境科学，2009，29（6）：578－582.

[89] 黄漪平．太湖水环境及其污染控制［M］．北京：科学出版社，2001.

[90] 华锦彪，宗志祥．洋河水库“水华”发生的实验研究［J］．北京大学学报（自然科学版），1994，30（4）：476－484.

[91] 陈宇炜，高锡云．西太湖北部微囊藻时空分布及其与光温等环境因子关系的研究［C］//蔡启铭．太湖环境生态研究（一）．北京：气象出版社，1998：142－148.

[92] PAERL H W，TUCKER J，BLAND P T. Carotenoid enhancement and its role in maintaining blue－green algal（Microcystis aeruginosa）surface blooms［J］. Limnology and Oceanography，1983，28（5）：847－857.

[93] 叶艳婷，胡胜华，王燕燕，等．东湖主要湖区浮游植物群落结构特征及其与环境因子的关系［J］．安徽农业科学，2011，39（23）：14213－14216.

[94] 卢碧林，严平川，田小海，等．洪湖水体藻类藻相特征及其对生境的响应［J］．生态学报，2012，32（3）：680－689.

[95] STEINBERG C W，HARTMANN H. Planktonic bloom－forming Cyanobacteria and the eutro－phication of lakes and rivers［J］. Freshwater Biology，1988，20：279－287.

[96] SAS H. Lake restoration by reduction of nutrient loading：expectations，experiences，extrapolations［J］. Limnology and Oceanography，1990，35（6）：1412－1413.

[97] 许海，杨林章，茅华，等．铜绿微囊藻、斜生栅藻生长的磷营养动力学特征［J］．生态环境，2006，15（5）：921－924.

[98] 易文利，金相灿，储昭升，等．不同质量浓度的磷对铜绿微囊藻生长及细胞内磷的影响［J］．环境科学研究，2004，17（z1）：58－61.

[99] 朱伟，万蕾，赵联芳．不同温度和营养盐质量浓度条件下藻类的种间竞争规律

[J]. 生态环境，2008，17（1）：6-11.

[100] 康康. 水体中藻类增值与 TN/TP 的相关性研究 [D]. 重庆：重庆大学，2007.

[101] 吴敏，黄岁樑，杜胜蓝，等. 投饵养鱼对潘家口水库藻类生长影响的围隔试验研究 [J]，生态环境学报，2010，19（8）：1906-1911.

[102] 陈云峰，殷福才，陆根法. 水华爆发的突变模型——以巢湖为例 [J]. 生态学报，2006，26（3）：878-883.

[103] 韩菲，陈永灿，刘昭伟. 湖泊及水库富营养化模型研究综述 [J]. 水科学进展，2003，14（6）：785-791.

[104] 窦明，谢平，夏军，等. 汉江水华问题研究 [J]. 水科学进展，2002，13（5）：558-561.